人工智能前沿实践丛书

深入浅出机器学习

从数据到 AI 算法

陈德忠　肖彧洁　著

清华大学出版社

北京

内 容 简 介

本书是一本涵盖机器学习和人工智能领域重要概念和方法的书籍。全书分为六章，内容包括 AI 算法的基础——数据、培养对数据的敏锐观察力、所有的努力都是为了提升概率——关于数据分析工作、高维空间中的数据、数据关系，以及让机器学会说话。本书通过实际案例和详细讲解，提供了全面而深入的机器学习指南。读者通过本书可以了解数据在算法研发中的关键作用，并培养对数据的敏锐观察力和理解能力，学习数据分析方法、高维空间中的数据处理，以及各种 AI 算法的原理和应用。此外，本书还探讨了人机对话技术的发展，介绍了 ChatGPT 的核心技术。无论读者是初学者还是专业人士，都能从本书中获得有价值的知识，并将其应用于机器学习和 AI 算法的实践中。

本书适合机器学习和人工智能领域的初学者、学生、研究人员、数据分析师、软件工程师、业务决策者等，也适合对本领域感兴趣的其他读者。

图书在版编目（CIP）数据

深入浅出机器学习：从数据到 AI 算法 / 陈德忠，肖彧洁著.
北京：清华大学出版社，2025. 1.
（人工智能前沿实践丛书）.
ISBN 978-7-302-67804-5
I. TP181
中国国家版本馆 CIP 数据核字第 2025E5D393 号

责任编辑：贾旭龙
封面设计：秦　丽　张芮明
版式设计：楠竹文化
责任校对：范文芳
责任印制：刘海龙

出版发行：清华大学出版社
　　　　　网　　址：https://www.tup.com.cn，https://www.wqxuetang.com
　　　　　地　　址：北京清华大学学研大厦 A 座　　　邮　　编：100084
　　　　　社 总 机：010-83470000　　　　　　　　　邮　　购：010-62786544
　　　　　投稿与读者服务：010-62776969，c-service@tup.tsinghua.edu.cn
　　　　　质量反馈：010-62772015，zhiliang@tup.tsinghua.edu.cn
印 装 者：涿州汇美亿浓印刷有限公司
经　　销：全国新华书店
开　　本：185mm×230mm　　　印　　张：14.5　　　字　　数：268 千字
版　　次：2025 年 1 月第 1 版　　　　　　　　印　　次：2025 年 1 月第 1 次印刷
定　　价：89.00 元

产品编号：106310-01

推荐序

当今，以 ChatGPT、Sora 大模型为代表的人工智能技术呈现快速发展态势，推动了自动化和智能化的进程，是新一轮科技革命和产业变革的重要驱动力量。而在其中，AI 算法则扮演着至关重要的角色，是使机器能够从数据中学习的数学模型，让计算机能够对现实世界进行模拟和模仿，从而达到智能化的目的，它们是构建智能世界的基石，是驱动科技前进的核心动力。

陈德忠、肖彧洁两位老师历经三年写作，并结合二十年的思考与实践，推出《深入浅出机器学习：从数据到 AI 算法》一书，带领我们深入探索 AI 算法世界。它不仅仅是一本技术书籍，更是一部集智慧、洞见和实践于一体的宝典。两位老师以独特的视角和深入的剖析，以杂谈的方式描述各种各样的算法，为我们揭示 AI 算法的本质和精髓，让我们能够更加清晰地看到这一领域的全貌。

本书以数据为线索，从数据是实践 AI 算法的基础讲起，对 AI 算法进行概况性地描述。随后，作者指出对数据的敏锐观察力是 AI 算法工程师应具备的重要能力，也是重要的基本素质。结合 AI 算法研发的需要，对数据分析的方法进行阐释。后三章是作者课题研究的成果，既涉及数据在高维空间中的作用，又通过数据将各种各样的算法串联起来，形成系统性的介绍，同时介绍神经网络技术的发展历程，为读者详细描述 ChatGPT 核心技术的实现原理。

这本书涵盖了 AI 算法的基本理论，还结合了作者多年实践的案例，让我们能够在理解算法原理的同时，也能够看到它们在实际应用中的表现。这种理论与实践相结合的方法，使得这本书更加具有实用性和可读性，让我们能够从中获得真正的收获。

在这个充满变革和挑战的时代，AI 技术的发展日新月异，新的算法和模型不断涌现。然而，无论技术如何进步，对于 AI 算法的理解和掌握始终是我们能够在这个领域立足的根本。让我们一起在 AI 的世界中探索、学习、成长，共同迎接未来的挑战和机遇吧！

林乔木

中科星图智慧科技有限公司总裁

我国已经建成全球规模最大的 5G 加北斗基础设施，终端普及应用标杆方面同样成效明显。北斗与 5G 等新一代信息技术的融合，将衍生出更加丰富的应用场景，发挥 5G 加北斗优势，赋能千行百业。大模型时代的到来，回顾 2023 年，自 3 月份 ChatGPT-4 上线后，国内科技企业纷纷跑步入场。北斗+AI 深度融合，引入大模型能力，利用大模型生成非标准化、有缺陷的数据样本，扩充样本数量，用 AI 算法快速呈现，提供精准的算法模型，期盼本书出版，能为 AI 算法工程提供技术解决方式，探索行业大模型。

何镇初

北斗（重庆）科技集团有限公司董事长

在过去的一年中，随着 GPT-4、LLaMA、Mistral，PaLM 等先进技术的突飞猛进，大型语言模型（Large Language Models）已经引领全球人工智能进入了一个全新的基础模型时代，这一时代不仅开启了技术创新的新篇章，也彻底重塑了各行各业的运作模式。

ChatGPT 作为一个交互式人工智能模型，能用简洁的语言概括出关于疾病的核心信息，并根据追问和信息补充等进行进一步沟通，主要价值在于节约时间成本、提高问诊效率。

本书详实讲解数据的分析、数学原理并结合项目案例为 AI 工程师们提供了技术路径，为 AI 算法工程师开启无限探索空间。

刘耀东

利亚德集团 CMO、虚拟动点董事长兼 CEO

新一代数字技术是当代创新最活跃、应用最广泛、带动力最强的科技领域，数字地球产业已经打通天上卫星资源与地上行业应用，是推动我国北斗应用融合与空天信息产业发展的重要驱动力。

从大模型的发展历程来看，在"大数据+大算力+强算法"的加持下，可以实现一个模型应用在很多不同领域。到 GPT-3 时甚至可以不用做微调，也可以用一个模型完成多种不同的任务，展现了很强的自然语言生成能力和通用性。大模型解决了过去人工智能应用的碎片化问题，以往一个模型只能做一件事情，而现在通过一个大模型即可实现更多的任务。

这本《深入浅出机器学习：从数据到 AI 算法》所描述的从数据分析到 AI 算法原理，再到 AI 算法案例应用，为 AI 算法工程师提供技术指导与启发，切实将 AI 算法技术从实践中来到实践中去的应用，特别推荐各行业的 AI 算法工程师购买阅读，期待系列著作能出版发行。

刘　霞

国际数字地球学会中国国家委员会空间信息产业化专业委员会秘书长

2024 年 2 月 16 日，OpenAI 发布首个视频生成模型 Sora。Sora 继承 DALL•E3 的画质和遵循指令能力，能生成长达 1 分钟的高清视频。Sora 的出现对 AI 行业的发展具有里程碑意义。从中短期看 Sora 作为一款具有强劲性能的视频生成模型，将提升视频生成的质量和效率，对影视和游戏等相关行业具有变革作用。

从事行业十几年，我们以数字创意为核心，打造视觉科技与应用，视频生成模型的出现，给 AI 算法工程师提出更高的技术要求，这本《深入浅出机器学习：从数据到 AI 算法》通过实践案例中总结的算法经验，给读者一个清晰的分析问题、解决问题的最佳思考方式，希望这本书能获得更多读者的认同与启发。

韩 一

丝路视觉科技股份有限公司北京分公司总经理

随着超算中心、智算中心以及量子等算力基础设施飞速发展，以 ChartGPT、Sora 等新一代人工智能技术对人类社会生产生活已经产生了越来越重要的影响，发挥了越来越重要的作用。在此背景下，业内有部分专家、学者认为在愈发趋于甚至超越人类的人工智能面前，对于深入学习探究算法及编程为代表的传统计算机技术抱有谨慎或悲观态度。这是个值得探讨的问题，正如《荀子·儒效》所言"千举万变，其道一也。"无论人工智能技术发展到何种程度，其永远无法脱离数据、算法、算力的关键要素。

2020 年 7 月 9 日，世界人工智能大会云端峰会，清华大学人工智能研究院院长、中国科学院院士张钹教授阐述了自己对于「第三代人工智能」的看法。他认为，第三代 AI 发展的思路是把第一代的知识驱动和第二代的数据驱动结合起来，通过利用知识、数据、算法和算力等 4 个要素，构造更强大的 AI，目前存在双空间模型与单一空间模型两个方案。

为此我们理解的数据是通过算力产生了算法或者场景应用，未来随着技术的进步和应用场景的不断拓展，数据要素将继续发挥重要作用，推动各个行业的创新和发展。

作者将书稿发我阅读后，更加验证数据要素的重要性，本书从数据的认知、数据分析再到 IA 算法的全过程描述，思路清晰，案例经典通俗易懂，希望读者能有所收获，为工程师们在研发中提供技术路径。

邵明堃

国家信息安全发展研究中心工程师

工业大数据分析与集成应用工业和信息化部重点实验室

随着人工智能（AI）技术跨越奇点式的爆炸发展，GPT-4、Sora 等 AIGC 模型相继横空出世，不仅推动了内容创作的革新，更在经济发展各领域产生了广泛影响，同时也深刻改变了国际技术发展重心与竞争格局。我国于 2017 年首次将"人工智能"写入政府工作报告，并于今年（2024 年）首提"人工智能+"行动，标志着我国对人工智能技术已从重点关注转向到具体实施应用。这几年，以 ChatGPT、Sora 为代表的大模型层出不穷，掀起人工智能热潮。

在这个大模型时代，很荣幸能收到作者的著作，喜出望外，拜读细嚼，很有启发。人生是马拉松，不是百米赛跑。作者深信"天生我材必有用"，精心为 AI 算法工程师们编著本书，从数据观察到 AI 算法的技术案例说明。无论我们在何时何地都可以通过云端与作者交互讨论，制定属于自己的 AI 算法职业生涯，拥抱世界大模型。期待本书读者能在作者的启发下有更多的专业知识的收获！

于　海

中国建材流通协会重大工程委员会秘书长

中技盛铭（海南）科技有限责任公司创始人

目前大模型在建筑设计领域有所应用，如 Stable Diffusion 和 Midjourney，但这只是一个起点。在设计、施工、运维等建筑的全生命周期内，AI 和领域大模型的应用有着广阔的前景和无限的潜力。AI 是支持数字建筑的重要底层技术之一，我们可以在建筑全生命周期为客户提供行业 AI 的技术能力和产品服务，助力企业打造数字化建筑。AI 生成技术不断迭代，加速应用落地和商业模式创新，已成为趋势，未来已来。希望读者能通过本书的详细讲解，在数据 AI 算法时代找到自己的生态位。

黄树鹏

广联达科技股份有限公司助理总裁

北京广联达平方科技总经理

今年《政府工作报告》对大力推进现代化产业体系建设，加快发展新质生产力提出新要求，要在深入推进数字经济创新发展方面，深化大数据、人工智能等研发应用，开展"人工智能+"行动，打造具有国际竞争力的数字产业集群。《关于 2023 年国民经济和社会发展计划执行情况与 2024 年国民经济和社会发展计划草案的报告》中，更是将开展"人工智能+"和实施"数据要素×"两项行动，列为 2024 年积极培育发展新兴产业和未来产业，以及促进数字技术与实体经济深度融合的主要任务。

2024 年春节刚过，收到肖博邀请，为即将出版的书写序，翻开书的目录及前言，了解本书是为 AI 算法工程师所写的技术解决路径。在算法工程师的职业生涯中，"贝叶斯定理""傅里叶变换"这些很难理解的数学问题，成为 AI 算法工程师们困扰的问题。读者可从《深入浅出机器学习：从数据到 AI 算法》一书中得到启发，期待行业更多 AI 模型出现。

李学友

北京超图软件股份有限公司副总裁、总工程师

携程发布旅游行业"携程问道"，蜜度发布智能校对领域"蜜度文修"，网易有道发布基于教育的"子曰"，京东健康发布医疗健康行业的"京医千询"，蚂蚁集团发布金融大模型……推动人工智能从感知走向认知、从识别走向生成、从通用走向专用，2023 年，中国 AIGC 产业市场规模约 170 亿元，预计 2030 年市场规模将达到万亿元级别。

百度"文心一言"、阿里巴巴"通义千问"、华为"盘古"、360"智脑"、昆仑万维"天工"、京东"灵犀"、科大讯飞"星火"、腾讯"混元"、商汤"日日新"等大模型先后登场，AI 终端百花齐放。截至 2023 年 10 月初，国内公开的 AI 大模型数量已经达到 238 个，从"一百模"升级至"二百模"。"百模大战"渐渐步入下半场，"群模时代"来临。

京东健康发布医疗健康行业的"京医千询"，蚂蚁集团发布金融大模型。技术进步推动人工智能从感知走向认知、从识别走向生成、从通用走向专用，2023 年，国药、北斗、算

法深度融合,在国药大健康产业链发挥实效。《深入浅出机器学习,从数据到 AI 算法》一书让我系统理解从数据分析到 AI 算法的技术解决方式,为大健康产业的大模型建设提供了技术指引,期待本书能为读者们带来更多的启发与探索之旅!

王开立

山东悍正医药科技有限公司

作者序

时间就像沙漏中的沙粒，无声无息地从指缝中滑落，翻开手稿的那一刻，思绪回到四年前：2020 年的一天，德忠微信与我说，他想写一本书，将自己多年的研发经验写出来，给算法工程师提供参考，我给予了支持与鼓励，几个月过后，他发来三章内容，我阅读后提出了我的建议，根据我的建议，他开始重新查询资料和数据，阅读相关 AI 系列著作，于 2023 年收笔，那一刻，德忠感觉自己成为了一名成熟的 AI 算法工程师，这就是知识的力量。

当前，自然语言处理（NLP）和人工智能（AI）领域发生了重大技术突破，这主要归功于 GPT-3 和 BERT 等大型语言模型（LLM）的出现。2022—2023 年"ChatGPT""大语言模型"成为热词后，诸如"张量""梯度下降"这样的数学专业词汇也随之热起来。LLM 的兴起标志着 NLP 和 AI 领域发生了关键性的转变，这些模型都是基于大量数据进行预训练而成。

《深入浅出机器学习：从数据到 AI 算法》编著的主旨是从数据分析到 AI 算法过程中提供解决实际问题的方法和思考路径。我们从实践的视角来观察数据、认知数据、分析数据，也是在多年的工作中总结出来的算法经验，通过分析项目数据的关联关系来预测数据，结合业务流转过程，抽取其特点并持续调整、优化 AI 算法，使得机器学习能够达到预期的交付效果，本书从观察数据的特点到项目应用中解决问题的方式进行详细讲解，循序渐进地讲解从数据到 AI 算法的全过程，帮助读者敲开人工智能算法之门；愿每一位读者都能感受到作者"为教育做点有意义的事情"的强烈情怀，达成自身数字化时代的持续成长。希望本书能为 AI 工程师提供参考与帮助，也期待能为我们提出宝贵意见。

国际数字地球学会中国国家委员会空间信息产业化专业委员会　委　员

肖彧洁

落笔于海口红树湾

2024 年 3 月 13 日

前　言

在 IT 行业从业近二十年，非常幸运能够进入到 AI 领域的研发和工作当中，这得感恩从新加坡回国创业的梁旭明博士给了我得以从事 AI 算法研发的机会，这是在我的人生中非常重要的机会，他是我的引路人，是他让我从一名纯粹的算法工程师转变为了 AI 算法工程师。虽然做人工智能算法研发的大部分是科学家和学者，但我始终把自己当作一名工程师，AI 算法又是产品或项目的核心技术，并决定了产品或项目的生死，而要研发出可以成功落地并实用的 AI 算法，是件非常不容易且成功率不高的工作，时常有一种"如履薄冰"的感觉和压力。这么多年的 AI 算法研发工作，我经历了太多种类的算法研发，有名片识别、证件识别、钞票识别、车牌识别、车辆检测、人脸疲劳检测、运动物体跟踪、人脸识别、人机对话、文本分类、文本检索、工业大数据分析、大型中央空调节能操作优化等，涉及领域有办公、金融、交通、工业、节能、教育等，也目睹和亲历了 AI 技术的起起伏伏，越来越感到思想和方法的重要性，更是感受到数据的重要性，于是突发奇想，有了写这本书的念头。

虽然我平时喜欢思考，喜欢钻研 AI 算法的原理，并经常思索 AI 技术的实现路径，甚至于有段时间我还研究中国的哲学，以寻找哲学上的突破，但是，当我落笔要写时，才发现自己知识的浅薄，才发现自己缺乏体系化的思想框架，虽然这本书的主题非常明确：从数据分析的角度思考 AI 算法研发，但是要展开编写时便困难重重，并且这方面的研究资料也较少，于是只好边写边摸索和学习，甚至中途还停笔了很长时间，一本页数不多的书就这样写了近三年的时间。

本书的前三章可以算是我的工作经验总结，后三章是我的学习笔记，每个章节相对较为独立，主要是因为我把每一章当作一个独立的课题进行研究，以此通过不同的维度去思考和总结 AI 算法研发过程中的数据问题，这完全是从工程师的角度来研究 AI 算法，并且尽量采用易于理解的语言描述算法思想和原理，以减少阅读障碍，让人可以快速理解和掌握一些重要的算法实现方法。

第 1 章描述了数据在 AI 算法研发过程中的重要性，从思维方法的角度出发，结合了几个项目成功和失败的案例，概括性地描述了 AI 算法实践方法。

第 2 章描述了如何培养对数据的敏锐观察力，AI 算法工程师对数据的感知和理解能力，是一个非常重要的能力，这是 AI 算法研发创新的源泉，也是解决问题的基本途径，体现了 AI 算法工程师应有的基本素质。

第 3 章描述了数据分析的方法，但有别于通常我们所说的数据统计分析方法，在这里，我们主要是结合 AI 算法研发的需要，针对性地讲解并总结了 AI 算法研发过程中所需要的数据分析方法，其中对高斯分布和傅里叶变换原理作了重点分析。高斯分布的数据是 AI 算法研发过程中最经常碰到的数据，而傅里叶变换属于数据频域分析方法，通过对数据进行傅里叶变换可以在另一个数据空间中进行分析并达到奇妙的效果，但是对于傅里叶变换原理的理解是一个难题，在这里，我们由浅入深、由形象到抽象，详细分析和描述了傅里叶变换的原理和方法，其中的内容主要摘自我于 2008 年发表在 CSDN 上的博客内容，当时在国内是第一篇全面描述和分析傅里叶变换原理的文章，为了写这个博客内容，足足花了我半年的业余时间，让我感到欣慰的是，这个博客内容解决了许多人对傅里叶变换理解上的烦恼，现在把它放进这本书的内容中，主要是想分享给更多的读者。这一章主要是总结了图像数据和自然语言数据的分析方法，并在最后分享了一个单纯从数据分析入手而设计出来的 AI 算法实现案例，以此说明以数据分析为基础工作的重要性，也说明通过数据分析可以得到具有创新性的算法数学模型。

第 4 章描述了高维空间中的数据，高维空间中的数据具有什么特点？高维空间中的数据有什么处理方法？这是我在早期做 AI 算法研发时最大的迷惑，也是让人最难以理解的地方，这一章节描述的内容不多，主要是因为涉及一些较抽象的数学理论，对于我这样非数学专业出身的工程师，虽然其中数学原理的证明过程勉强能够看得懂，但是看完后还是找不到感觉，甚至很快就忘了，其中的数学定理证明过程太复杂，如"高斯圆环定理"的证明过程就有十多页的内容。该章节最后通过一个多年前看到的论文作为案例来理解"JL 引理"，主要是想避免陷入抽象的数学理解过程，虽然这是一个在现实中难以实用的算法案例，但可以让读者得以对高维空间中的数学原理能够有一个形象的、更易于理解的认识。

第 5 章的内容有点杂，描述的 AI 算法非常多，从简单的马尔可夫链，到复杂的神经网络，再到晦涩的卡尔曼滤波，最后阐述了知识图谱和事件图谱的系统框架设计，其中对卡尔曼滤波的数学原理进行了详细描述，因为这也是一个难以理解的数学过程，但是我觉得如果无法理解算法原理，则很难把算法用好。这一章节通过以数据之间的关系为线索把各种各样的算法串了起来，并上升到了系统层面的框架设计内容，这很像是一篇散文，希望通过这样的方式能够让读者对 AI 算法有一个整体的、宏观的认识，并能够根据数据的特点选择合适的 AI 算法。

第 6 章描述了人类语言的起源和特点，以此说明实现人机对话技术是一个极具有挑战性的工作，人机对话技术被称为是人工智能领域中"皇冠上的明珠"，ChatGPT 的出现，让我们看到了人工智能技术新的希望，这方面技术上的突破犹如当年莱特兄弟实现飞机飞行技术，这是在 AI 技术上革命性的突破，为此，在这一章我们详细阐述了神经网络技术的发展历程，并详细描述了 ChatGPT 核心技术（Transformer 模型）的实现原理，结合人脑思维过程的探索，以期让读者对 AI 技术有更深的理解和认识。

这是一本在 AI 算法领域"包罗万象"的书，以杂谈的方式描述各种各样的算法，并结合十多个我亲历过的 AI 算法实现案例，以让读者能够对 AI 算法实践有更深的理解和认识。但我并不想通过这本书能够让读者可以全面了解某个算法，若要深入了解某个算法则需要参考其他专业资料，我觉得了解算法的原理和思想比了解代码层级的实现方法更为重要，作为 AI 算法工程师不应该是算法的"搬运工"，而应该是算法的"创新者"，这里所指的创新是更为广泛意义上的创新，包含理论创新和工程技术上的微创新，理论创新很难，但工程技术上的微创新则相对容易些，而且要把算法技术成功应用起来，离不开工程技术上的微创新，为此，则需要能够理解算法原理和思想，否则难以在创新上有作为。写这本书的目的是让 AI 算法研发人员通过以数据为线索，快速全面了解多种 AI 算法，以便在工程实践中能够选择合适的 AI 算法，并能够通过合理的工程技术和工程思想创新性地实现 AI 技术。

陈德忠

致　谢

　　由于我不是学术研究出身，而且工作也较忙碌，能把这本书写下来很不容易。首先得感谢肖彧洁教授的鼓励和指导，没有她的支持，我可能中途就放弃了。在成书的最后，还得感谢厦门达宸信教育科技有限公司（一家智能笔在教学领域中应用非常成功的公司）领导的支持，公司给予了几个案例的支持，使得本书内容更加丰富和更具有实用价值。本书完成后，老朋友王政（资深机器视觉研发工程师）和胡雨（资深深度学习研发工程师）帮忙仔细阅读了书稿，指出了不少书中的错误，感谢他们在百忙之中对本书的支持，还要感谢清华大学出版社王敏和陈松两位老师提出了不少改进意见，使得本书更加规范和更具有可读性。最后还得感谢我的家人对我写作的支持，我女儿陈高微还利用暑假时间帮我检查了语句字词的错误。能把知识进行总结并留存下来，我觉得这是在我人生中做的最有意义的事情，以此感恩在我人生道路上所有关怀和帮助过我的亲朋好友。

陈德忠

目　录

第1章
AI 算法的基础——数据

对于喜欢做研究的人，AI 算法研发是一个非常好的职业选择。在 AI 算法研发过程中，会遇到各种各样意想不到的难题，即使你饱读"经书"，精通各种各样的算法，在 AI 算法实践中还是需要做很多的创新，你甚至还可以有很多自己独特的思路，这便是 AI 算法研发魅力所在。当然，也是个人创新能力和工程实践能力的挑战。

对于 AI 算法的创新，从数据入手，通过对数据的观察和深入分析，找出数据的特点和规律，然后有针对性地选择合适的 AI 算法，特别是遇到无法解决的问题时，更会让我沉迷于对数据的观察，并深入思考 AI 算法的应用问题，最后往往问题得以迎刃而解。

1.1 科学研究的两种方法

AI 算法研发需要具备一定的哲学思想，哲学是教我们如何去思考的科学，哲学理论有一个专门的分支——科学哲学，是专门针对科学的哲学思考，科学哲学作为一门独立的学科是在 20 世纪才出现的，但关于科学研究的哲学思想最早可以追溯到公元前三四百年的古希腊，在那个时代就提出了两种科学研究的方法，即亚里士多德方法和柏拉图方法，如图 1.1 所示。

科学研究方法可以分为两个方向，一个是通过实验和观察发现新理论，另一个是通过理论研究和推导发现新理论。西方哲学分别把这两种方法称为亚里士多德方法和柏拉图方法。

柏拉图　　　　　　亚里士多德
公元前427－前347年　公元前384－前322年
图 1.1　两种不同的哲学思想

　　亚里士多德和柏拉图都是古希腊非常伟大的哲学家，亚里士多德是柏拉图的学生，但他们俩在哲学上出现了严重的分歧，柏拉图方法可以理解为从上到下（从理论到实践）建立知识的方法，亚里士多德方法则为从下到上（从实践到理论）建立知识的方法[1]。柏拉图强调从理论上去解释事物的现象，亚里士多德强调从观察中了解事物的本质，前者是演绎推理的过程，后者是归纳总结的过程。柏拉图式科学研究者的主要工作是基于可以被接受的概念和方法来认识所观察到的事物，如对于数学理论的研究，基本上是以概念、公理、定理为基础，以此推导出各种各样的数学结论。但在我们的自然科学研究中，主要还是以观察为主，把观察作为研究理论的基础工作，从观察中发现新的理论，如牛顿从苹果的掉落中发现了万有引力定律，爱因斯坦从对光速的观察和思考中发现了相对论，小波分析的技术也是从对数据的观察中发现的，这样的例子不胜枚举。当然，对于我们人类无法或难以观察的事物，则只好从理论上去推测了，如地球的板块漂移说、黑洞理论、宇宙大爆炸理论等。

① Duin R P, Pekalska E. The science of pattern recognition. Achievements and perspectives [J]. Studies in Computational Intelligence, 2007, 63: 226-227.

　　通过观察进行研究的方法容易陷入"盲人摸象"的问题。"盲人摸象"是出自《大般涅槃经》（印度佛经）中的故事，如图 1.2 所示，该故事描述了五个盲人，摸到鼻子的人说大象像条管子，摸到尾巴的人说大象像条绳子，摸到腹部的人说大象像堵墙，摸到大腿的人说大象像根柱子，摸到大象后背的人说大象像张床，这个故事虽然可笑，但在科学研究中却是很容易出现的问题。当你无法进行全局观察时，就容易陷入局部的概念或理论中，甚至得出错误的结论，如科学发展史中先后出现的地心说、日心说，直到后来提出的宇宙大爆炸说，这些都是随着我们观察的深入而逐渐趋于客观正确的理论，科学的发展就是在这样的曲折中发展起来的。

图 1.2　盲人摸象

　　AI 算法研发不同于应用技术的研发，它更具有研究的性质（这是因为当前还没有通用的算法可以解决所有的问题），在 AI 算法研发过程中，做研究的时间占大部分，而做开发（如写代码，调试代码）的时间占小部分，大部分的时间会用在查找技术资料和思考解决问题的办法，用于编程的时间会较少。所以作为 AI 算法研发工程师需要具备正确的科学研究思想和方法，将其视为一项科学技术创新的工作去完成，这样才能开发出适用的 AI 算法，并且也会让自己更有成就感。

1.2 深度学习技术也离不开对数据的观察

自从有了电子计算机以来，人类就梦想着机器能够像人那样地去思考，20 世纪 50 年代便已经提出了人工智能的概念，但是人工智能技术走过非常多的弯路，科学界对人工智能技术的研究热情也是起起落落。从人工智能概念的提出到现在已近七十年了，基于大数据的应用和强大的计算资源，近些年来人工智能技术得到了快速发展，并渗透到了各个行业应用中。不过，当前的人工智能技术并没有那么"智能"，机器还无法像人一样思考，就像现在能够与人进行对话的机器，只能通过已训练学习到的知识和固定的模式理解有限的对话意图，也很难在对话过程中学习各种各样的对话意图，像人脑那样的智能也许离我们还很遥远。

2006 年 Hinton 等提出了在非标定数据上训练多层神经网络的方法，即现在大家熟悉的深度学习技术，当时并未引起业界的关注，因为这并不是一个新鲜的技术，只是在训练方法上采用了较为创新的方法。神经网络算法在 20 世纪 90 年代普遍被认为是不实用的技术，所以深度学习算法从开始提出来后的三四年内并未得到关注，直到 2012 年在一次图像识别比赛中战胜 SVM 算法后，才吸引了众多研究者的注意。2016 年采用深度学习技术的 AlphaGo 战胜了围棋世界冠军、职业九段棋手李世石，轰动了全世界，也让深度学习技术研究和应用达到了高潮。

虽然深度学习技术解决了许多 AI 算法技术难题，并让人们对人工智能技术的研究和应用的热情达到了前所未有的高度，但若我们探究深度学习原理，可以发现深度学习技术在算法原理上并未有实质性的突破，深度学习技术的实现还是基于 20 世纪的 AI 算法基础理论和强大的计算硬件技术。其实，AI 算法基础理论研究在 21 世纪初的二十年来并未有本质上的突破，现在的深度学习技术主要还是综合运用了 20 世纪已有的神经网络、梯度下降法、卷积等理论，深度学习更多的是工程实践上的创新，例如大规模数据集、更强大的计算硬件、优化算法等方面的进步，这些创新在深度学习技术的成功应用中发挥了重要作用。

然而，如图 1.3 所示，深度学习技术因为不需要做特征提取和分析（多年来 AI 算法研究者必须做的特征工程），忽视了对数据特征的分析，导致现在的一些 AI 算法工程师对数据的分析能力非常薄弱，技术实现思路也很单一，认为只要会用深度学习就可以"走遍天下"了，低估了 AI 算法技术研究的难度。要开发一个实用的 AI 产品，光靠深度学习技术往往是不够的，如对于图像识别技术，我们需要考虑光照、角度、图像清晰度、噪点等的影响，通过充分分析数据的复杂性才能使得训练数据更具有广泛性和充分性。在自动驾驶研究中便遇到了图像识别可靠性的难题，主要原因是对路况的识别太难，小车在运动过程中对前方要进行各种各样的图像识别，需要识别前方的路面、路标、车辆、行人、路障等等。虽然只要数据足够，采用深度学习技术可以达到非常高的准确率，但还是难以实现让人可以接受的可靠性，而一次的识别错误便可能会酿成车祸，这是让人无法容忍的。

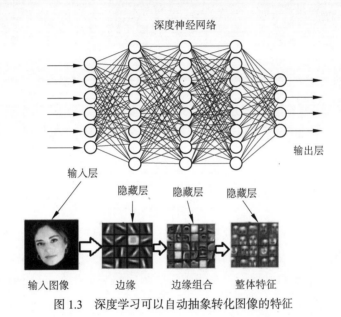

图 1.3　深度学习可以自动抽象转化图像的特征

　　如图 1.4 所示的三张路标图像，对图像略做干扰或移到不一样的环境中，机器就无法识别正确，但是对于我们人脑，这是非常简单的、很容易就能辨别出来的路标，可见我们现在的人工智能机器还是那么的"笨"！
　　其实对于待训练的数据，我们还是需要去观察和分析，尽量确保数据特征具备一致性，否则再多的数据也难以训练出理想的效果。在深度学习算法训练过程中，除了调节训练参数，还可以有很多的方式改进算法技术，当训练效果不理想时，对数据的观察就显得尤其重要，需要在对数据的观察中寻找新的思路和创新方法，而通常在一个算法无法解决问题时，还需要综合其他的算法技术进行弥补和提升。

图 1.4　路标图像①

1.3　一个通过数据观察和分析的 AI 算法技术创新案例

我曾经负责一个陌生人检测的项目研发，应用于人员出入较少的场景中，如别墅、出租屋、高档会所等对陌生人较防范的场所，其中的人脸识别技术我们采用的是深度学习算法，在项目实施过程中我们发现由于光线和人脸角度的变化非常容易产生误报，对于该问题我们的第一反应是通过多学习不同状态下的人脸达到减少误报，但是要学习的人脸状态太多，项目实施是个难题，为此，项目研发一度陷入停滞状态。

面对问题，我的经验就是反复观察数据和琢磨数据。于是收集出所有被误报的人脸，通过观察，让我们很迷惑的是有些人脸图像已经非常相似了，但还是会被误报，而算法的改进很棘手，深度学习技术可以说是一个黑盒，对于识别错误很难分析出是什么参数导致的，只好去做数据分析和试验。经过反复分析和测试，我们突然发现机器可以渐近式地学习人脸角度变化，即我们先标定一张人脸图像，然后通过持续地人脸识别和学习，并把相似度很高的人脸图像互相关联起来，这样可以把差异很大的人脸图像识别成同一个人，如

---

① Evtimov I, et al. Robust Physical-World Attacks on Machine Learning Models [R/OL]. arXiv: 1707.08945 [cs. CR].

图 1.5 所展示的效果，不同光照和不同角度的同一个人脸被识别成了同一个人。于是我们总结出机器可以实现非常简单的逻辑关系：若 A 等于 B，B 等于 C，则 A 等于 C。通过这个逻辑关系可以实现无监督学习的方法，当然，相似度判断时所采用的阈值大小非常重要，这需要一定的工程经验，可以结合识别技术的召回率（也称检出率）和错误率大小来设置阈值，假如召回率很高且错误率很低，则可以把相似度判断的阈值调小些，否则就要调大些，另外，假如要识别的人数较少，也可以适当把相似度阈值调小些。相似度判断阈值越大，意味着相似度判断越严格，从而所需的机器学习时间就越长，相反地，如果相似度判断阈值越小，则机器学习时间越短。

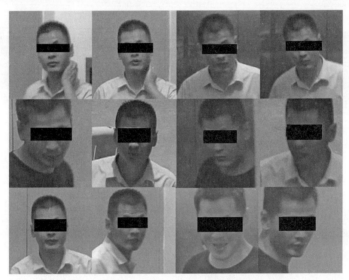

图 1.5　持续学习到的同一个人的人脸图像

最后我们总结出可以采用无监督学习和监督学习相结合的方法——半监督学习，让机器可以自适应不同光照、不同角度下的人脸识别，从而让机器可以在线学习并提升识别能力。虽然这样的方法无法让 AI 产品部署上去后马上体现效果，但降低了实施难度和成本，而且通过工程上的技巧也可以大幅提升学习速度，如在不同的位置安装更多的人脸抓拍摄像头，这样让机器可以很快达到应用效果。

上面所描述的技巧可以让机器能够自我学习和提升，这不正是我们一直渴望机器可以达到的智慧化功能吗？虽然还不完全是，但让我们看到了技术实现方向。更重要的是，从这个案例可以让我们知道算法研究在工程实践中需要充分分析数据的重要性。

1.4 数据问题导致的算法或项目失败案例

在数字化时代，数据已成为推动算法和项目成功的核心要素，然而，数据问题却常常成为导致算法或项目失败的隐形杀手。下面，我们将探讨 3 个因数据问题而陷入困境的算法和项目案例。

1.4.1 忽视数据误差

数据误差可能源自多个环节，如数据采集、处理、分析和应用等，当数据采集不准确或不完整时，就会导致数据失真，从而影响后续的分析和决策。数据处理和分析过程中的错误同样会引入误差，使得结果偏离真实情况。而当我们忽视了这些误差，将它们作为可靠的信息来使用时，就可能陷入误区，从而做出错误的决策。

1. 项目背景

某钢铁厂欲引入大数据分析项目，通过优化操作流程和方法提高冶炼的出钢率。图 1.6 展示了高炉炼铁工艺流程。

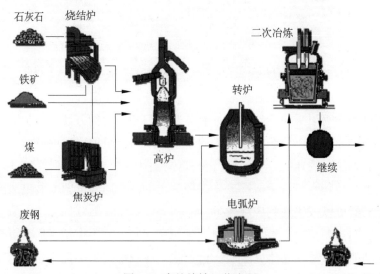

图 1.6　高炉炼铁工艺流程

高炉炼铁是一种常见的铁矿石冶炼工艺，用于将铁矿石转化为熔融的铁和炉渣。高炉炼铁的简要工艺流程介绍如下。

（1）原料准备。铁矿石、焦炭和通风剂是高炉炼铁的主要原料。铁矿石通常是氧化铁矿石，如赤铁矿和磁铁矿。焦炭是一种高碳含量的煤炭，用作还原剂和燃料。通风剂（如空气或纯氧）用于支持燃烧过程。

（2）炉料装入。铁矿石和焦炭按照一定比例混合，并通过顶部的料斗装入高炉。

（3）加热还原。高炉内部的燃烧区域由底部的风口和顶部的燃烧室组成。通过风口喷入通风剂，使焦炭燃烧产生高温，并在炉内形成还原气氛。还原气氛中的一部分碳反应生成一氧化碳，再与铁矿石反应，将氧原子从铁矿石中还原出来，生成熔融的铁。

（4）炉渣形成。在高炉中，铁矿石中的杂质和焦炭灰成分与矿石反应生成炉渣。炉渣是一种由氧化物、硅酸盐和其他杂质组成的熔融物质，它浮在熔融的铁上方，并通过底部的渣口排出。

（5）铁液收集。熔融的铁从高炉底部的铁口流出，并收集在铁水槽中。铁液经过处理后，可以用于制造钢材或其他铁制品。

（6）炉渣处理。排出的炉渣经过冷却和固化处理，可以用于建筑材料或其他应用。

高炉炼铁工艺流程是一个复杂的过程，涉及多个物理和化学反应，而工人主要凭借仪表上的数据和对钢水的观察实时做出各种各样的操作，由于涉及的各种工况数据太多，即使有经验的工人也很难总结归纳出最优的操作方法。于是希望通过大数据分析工人在操作过程中的所有工况数据，对比选择最优的操作，从而固化工人的操作经验，以此指导工人操作，并最终提升炼铁出钢率，即用相同的品质和质量的铁矿石达到最高的钢铁产量，项目的验收目标为出钢率提高6%以上。

2. 主要工况数据

主要工况数据包括原料成分和质量、炉料比例、通风剂流量和纯度、炉温和热平衡、炉内气氛、炉渣成分和性质、铁液流动和收集、炉渣处理，具体介绍如下。

☑ 原料成分和质量。铁矿石的成分和质量特性，包括铁含量、硅含量、铝含量等。焦炭的质量特性，如固定碳含量、灰分含量等。

☑ 炉料比例。铁矿石和焦炭的混合比例，通常以质量比表示。

☑ 通风剂流量和纯度。通风剂（如空气或纯氧）的流量和纯度，用于控制燃烧过程和还原反应。

☑ 炉温和热平衡。高炉内部的温度分布和热平衡情况，包括燃烧区域、还原区域和炉渣区域的温度。

☑ 炉内气氛。高炉内部的气氛组成，包括还原气氛中的一氧化碳和二氧化碳的浓度。

☑ 炉渣成分和性质。炉渣的成分和性质包括氧化物含量、硅酸盐含量、黏度等。

☑ 铁液流动和收集。铁液的流动速度和收集效率，包括铁口和铁水槽的设计和操作参数。

☑ 炉渣处理。炉渣的冷却和固化过程，包括冷却速度、固化时间等。

3. 冶炼过程优化

在转炉冶炼过程中，可以通过以下这些操作进行优化。

（1）吹炼参数优化。调整吹炼过程中的氧气流量、吹炼时间和废气排放等参数，以实现更有效的脱碳、脱硫和合金化。通过精确控制吹炼参数，可以提高钢液的质量和成分控制。

（2）合金添加优化。根据钢液的化学分析结果，精确控制合金添加量和添加时机，以满足所需的合金化要求。合金的正确添加可以改善钢液的性能和特性。

（3）温度控制优化。在转炉冶炼过程中，控制钢液的温度是关键。通过调整吹炼参数、加热设备和冷却设备等，可以实现更精确的温度控制，以满足产品要求。

4. 项目效益预测

通过对冶炼数据的初步分析，该钢铁厂的出钢率极不稳定，最高可以达到 95%，最低到 60%，近一年的平均出钢率为 70%。如果能够优化并稳定工人的操作，那么可以将出钢率提升至 80% 以上，由此我们设定了 6% 的出钢率提升目标。

5. 数据问题

在实施过程中，需要逐一核对所需数据是否具备，以及大数据平台是否能够采集到这些数据。于是很快便发现一个数据无法采集到的问题，转炉在冶炼过程中会投入 $0\sim3\,\mathrm{t}$ 的废铁，但是废铁的重量没有被称量和采集，而工厂不愿意增加设备对该废铁进行称重和重量数据采集。于是我们想到了一个利用钢水温度变化来估计投入废铁重量的方法，具体计算方法如下式。

$$\Delta Q = m_{钢水}\ C_{钢水}\ \Delta T_{钢水} = m_{废铁}\ C_{废铁}\ \Delta T_{废铁}$$

通过查询相关资料，得到钢水的比热容为 $(0.45\sim0.55)\,\mathrm{J/g\cdot K}$，于是我们采用 $0.50\,\mathrm{J/g\cdot K}$

的中间值作为计算值，废钢的比热容为（0.45～0.49）J/g・K，废钢的比热容也采用中间值 0.47 J/g・K 作为计算值。

当我们自以为可以圆满解决问题的时候，大数据平台运行后，令人失望地发现在相同工况下，出钢率出现了 20%以上的波动，导致推荐出来的操作非常的不稳定，最终因推荐数据的不可靠终止了项目研发。

最后总结发现，因比热值存在 10%以上的误差，再加上其他测量数据的误差（如铁矿石的成分和质量、钢水成分、钢水温度等），累计的误差可以达到 20%以上，从而导致系统推荐数据出现无法控制的波动。

由于生产环境的复杂性，不同工厂的信息化技术水平参差不齐，数据的缺失和测量可靠性给工业生产的大数据分析带来不少困难，这也是目前大部分工厂难以实现生产智慧化的原因。

1.4.2　忽视数据特点

最近在教育领域出现了可以采集学生笔迹信息的智能笔，智能笔的笔尖旁边带有一个红外摄像头。当笔在铺有 OID 码的纸面上书写时，笔尖旁的红外摄像头便会以高频的速度采集并识别纸面上的 OID 码图像，从而得到笔迹的坐标位置信息，智能笔再通过蓝牙把坐标数据传给终端处理器，终端处理器便可以根据笔迹的坐标位置信息还原出所书写的内容，如图 1.7 所示。

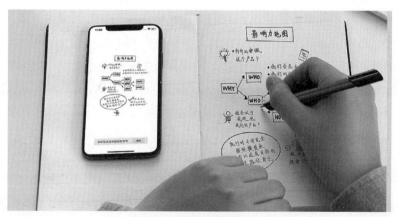

图 1.7　利用智能笔进行书写

这项技术已经渗透到了课堂教学中，如图 1.8 所示，在课堂上老师让学生利用智能笔进行答题，实现了学生答题情况的及时反馈，老师可以通过这种科技手段及时调整教学内容和方法，从而提高课堂教学效率。

图 1.8　智能笔在课堂教学中的应用

在课堂互动教学过程中利用智能笔，有一个非常简单的需求，即自动识别学生的选择题答题结果。

由于习惯了深度学习算法的应用，我们先是采用 9 层的神经网络进行训练，把笔迹数据还原成图像，然后用这样的图像进行训练，很快便得到了识别算法模型，开始在较为规整的数据上测试，得到了理想的识别效果，但当部署到平台上真正应用起来时，便发现在图像受到干扰或变形时就无法正确识别了，如图 1.9 是部分无法被正确识别的图像。

深度学习技术可以大大减轻工程师设计算法模型的工作，但在碰到识别错误的情况时，经常会让人感到束手无策。对于本案例，其实是一个非常简单的识别技术，首先，只是"A、B、C、D"四个字母范围的识别（本案例中对于选择题只有 ABCD 四种选项），即四个种类的识别，其次，所给的数据是不仅带有坐标位置的轨迹点数据，还有轨迹点出现时间的数据，这便是类似于手机上手写输入的识别技术（联机手写字符识别）。联机手写字符识别有两个非常好用的数据，即笔画方向和笔画顺序，利用这两个数据便可以用一个非常简单的技术识别出字符，对于这种小范围的字母识别则是更为简单。在了解了数据特点后，改为用联机手写字符识别的算法技术，便很快解决了图 1.9 中无法正确识别的问题。

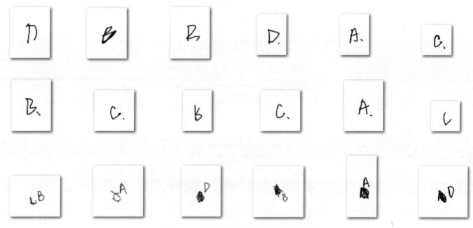

图 1.9　无法被正确识别的图像

其实，这也并不是因为深度学习技术无法解决上面所提到的问题，要提高识别算法模型的准确率，不仅需要类似于深度学习技术的分类算法模型，还需要图像处理模块的支撑，如图像增强、图像去噪、图像切割等，这是一个系统化的工程，不是单一的识别算法技术可以解决的。但是，通过图像识别的方法去处理笔迹数据，这是把问题复杂化了，"大道至简"，还是要尽量采用简单而又易于实现的方法去完成工作。

另外，数据处理尽量不要丢失数据的维度，本案例中的数据有三个维度，即 X 坐标、Y 坐标、时间，把时间这个维度丢弃后，则意味着丢失了本来可以利用的信息，丢失维度后的数据便会被模糊化或混淆化，使得数据更难以被区分，这难免会给算法的设计增加不必要的难度。

1.4.3　忽视人工标注数据的不可靠性

在教育领域，信息化程度已越来越高，学校也越来越重视题库的建设，题库中有一个非常重要的功能是相似题自动判断，利用相似题判断算法可以实现学生定制化作业布置，从而达到精准教学的效果。相似题判断算法一般是通过多层的过滤来实现，如图 1.10 所示。

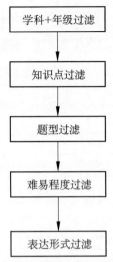

图 1.10　多层次过滤的相似题判断方法

　　利用多层过滤技术是算法实现中经常会用到的方法，利用该方法可以大大简化算法实现的难度，并且可以达到非常好的效果，但在相似题判断算法实践中总是遇到效果不佳的问题。面对问题，我们的第一个反应是题量可能不够，我们收集了约 3 万道小学数学题，其中知识点大约有 1000 个。一个试题可以有一两个知识点，甚至最多的会有 5 个知识点。为此，我们做了这样的思考，如果能使得大部分（95%以上）的试题存在相似题，所需要的试题数量是多少？估计方法如下。

　　所需题量 ＝ 知识点组合数量 × 题型数量 × 难易程度种类数量×2

　　知识点组合数量估计：$C_{1000}^2 \times 0.6 = 599400$。

　　题型数量有：选择题、填空题、计算题、解答题、画图题，有 5 种题型。

　　难易程度分：难中易三种类型。

　　为此可以计算出所需要的题量是 8 991 000，即约需要 900 万的题量，而我们只有 3 万的题量，差距太大，这让我们在很长时间内放弃了相似题推荐的功能。

　　一个偶然的机会，我们在补标注还没有答案的试题，在标注过程中发现试题存在相似性的概率很高，更大的发现是很多试题的知识点标注存在大量的不一致，甚至还存在不少的错误。

　　明显相似的试题标注的知识点不一致，如图 1.11 所示。

根据天文学家的推算,预测到2366年9月2日,火星与地球的距离将约55710000千米。
改写:＿＿＿＿＿＿＿＿万千米。
考点
整数的改写

1991年我国共生产自行车36270000辆,改写成用"万"作单位的数是（　　）。
考点
亿以内数的读、写法

图 1.11　两道标注知识点不一致的相似题

明显相似的试题，标注的知识点个数不相同，如图 1.12 所示。

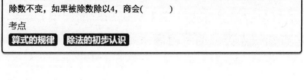

除数不变,如果被除数除以4,商会(　　　　)
考点
算式的规律　除法的初步认识

除数除以5,被除数不变,那么商(　　　　)。
考点
除法的初步认识

图 1.12　两道标注知识点个数不相同的相似题

存在知识点标注不正确的试题，如图 1.13 所示。

43＿＿＿＿9052300≈43亿(填最小的数字)
考点
亿以内数的读、写法

(在 ( ) 里填"="或"≈")
4700000000 ( ) 47亿　384000000 ( ) 4亿　　560002300 ( ) 6亿
8955000000 ( ) 90亿　104200100009 ( ) 10420010万 9726500000 ( )
97亿
考点
亿以内数的读、写法

图 1.13　错误标注，把"亿以上"误标注成"亿以内"

经抽样统计，大约有 30% 的试题存在知识点标注不一致或错误，从而导致整个相似题判断方法可靠性低于 70%，于是我们采用如下措施确保知识点标注的可靠性。

☑ 建立无知识点过滤层的临时相似题判断方法，过滤出试题相似但知识点标注不一致的试题，再通过人工确认后进行纠正。

☑ 利用经确认无误的已标注的知识点的试题，采用无知识点过滤的相似题判断算法对未标注的试题进行自动标注，再通过人工进行确认，以减少人工标注的失误。

☑ 制定知识点标注的标准和方法，强化内部培训，提升工作人员的标注能力水平，使得不同标注工作人员的标注结果达到一致和准确无误。

通过落实上面的三点措施后，所有试题的知识点标注的可靠性达到了 99% 以上，最后利用包含知识点过滤的五层过滤算法进行验证，95% 以上的试题可以通过算法成功找到相似题。

为什么才 3 万的题量就可以出现那么多的相似题呢？经过总结发现，这 3 万的试题都是课后练习题，课后练习题的目标是让学生巩固所学的知识并能够熟练应用知识，所以学生需要通过多道考查知识点类似的练习题进行反复练习，从而使得相似题的存在概率较高。

AI 算法的研发总是在对数据的逐步深入理解过程中得到改进和提升，这是一个曲折的过程，没有捷径，只有脚踏实地把数据理解透了，才能把 AI 算法做好。

1.5　如何选择合适的算法

AI 算法的种类在人工智能领域中非常丰富，而且多样化，AI 算法利用数学、统计学和计算机科学等领域的原理和方法，通过模拟人类智能和学习能力来解决各种复杂的问题。

在监督学习领域，我们有经典的线性回归和逻辑回归算法，可以用于预测和分类任务，还有决策树和随机森林算法可以处理更复杂的决策问题，而支持向量机则适用于高维数据的分类和回归。

在无监督学习领域，聚类算法如 K 均值聚类和层次聚类可以将数据分组成不同的类别，主成分分析、因子分析等的降维算法可以帮助我们理解数据的结构和关系。

强化学习算法则通过智能体与环境的交互来学习最优策略，Q-Learning、深度强化学习等算法在游戏、机器人控制和自动驾驶等领域展现出强大的能力。

除了传统的机器学习算法，深度学习算法也在 AI 领域引起了巨大的关注，神经网络、卷积神经网络和循环神经网络等深度学习算法在图像识别、语音识别、自然语言处理和推荐系统等任务中取得了重大突破。

此外，还有进化计算算法、自然语言处理算法、图像处理算法、推荐系统算法等等，这些算法都为 AI 的发展提供了丰富的工具和方法。

通过对上面所描述和罗列的算法进行分类，可以总结梳理出 AI 算法的"脉络"，如图 1.14 所示。

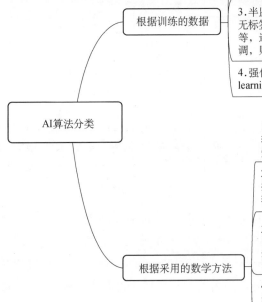

图 1.14　AI 算法分类

面对如此多的算法，如何选择合适的算法？为此，我们需要先了解各种 AI 算法的优劣点，如表 1.1 所示。

表 1.1　各种 AI 算法的优劣势对比

算法种类	优势	劣势
监督学习算法	监督学习算法在有标签数据的情况下表现良好，能够进行准确的预测和分类，这类算法可以处理各种类型的数据，并且在训练充足的情况下通常具有较高的准确性	监督学习算法对于标签数据的依赖性较高，需要大量的标记数据进行训练，此外，这类算法可能对噪声和异常值敏感，并且在处理高维数据和非线性关系时可能面临挑战
无监督学习算法	无监督学习算法不需要标签数据，可以自动发现数据中的模式和结构，这类算法可以用于聚类、降维和异常检测等任务，并且在处理大规模数据时具有较好的可扩展性	无监督学习算法通常无法提供明确的预测结果，因为这类算法没有预期输出进行比较，此外，算法的结果可能受到初始参数选择的影响，并且对于复杂的数据集，算法结果在可解释性上可能会有挑战
强化学习算法	强化学习算法能够通过与环境的交互来学习最优策略，适用于动态和复杂的决策问题，这类算法在处理连续状态和动作空间时具有优势，并且能够在没有标签数据的情况下进行学习	强化学习算法通常需要较长的训练时间和大量的交互次数才能达到良好的性能，此外，算法的稳定性和收敛性可能会受到影响，并且在处理高维状态空间时可能面临困难
深度学习算法	深度学习算法在处理大规模数据和复杂任务时表现出色，这类算法能够自动学习特征表示，并且在图像识别、语音识别和自然语言处理等领域取得了巨大的成功	深度学习算法通常需要大量的训练数据和计算资源，以及较长的训练时间，这类算法对超参数的选择和调整敏感，并且在解释模型的决策过程方面可能存在困难

表 1.1 是对每一大类的 AI 算法的优劣势比较，在细分到具体 AI 算法时，又有泛化性能、计算效率和复杂度上的差异，可以肯定的是，没有哪一种算法可以占据绝对优势，当你选择某一个算法来解决问题时，又不得不面对和正视所选择算法的劣势，正所谓"没有免费的午餐"，那么我们又该如何做出正确的选择呢？

从项目管理的角度，需要分别从项目的质量、成本、时间三个维度进行分析，需要综合考虑这些因素，并权衡它们之间的关系，如图 1.15 所示。例如，如果时

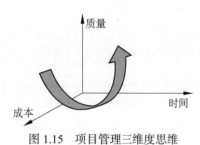

图 1.15　项目管理三维度思维

间紧迫，则需要选择相对简单且易于实现的算法；如果质量是关键，则需要选择在准确性和泛化能力方面表现良好的算法；如果成本是限制因素，则需要选择计算资源和数据收集成本较低的算法。

1. 从时间维度分析

（1）算法的复杂性。某些算法可能需要更长的时间来实现和调试，而有的算法可能更简单和直接。

（2）数据准备和预处理。不同的算法对数据的要求和预处理步骤可能不同，一些算法可能需要更多的数据准备工作，而有的算法可能对原始数据的要求较低。

（3）训练和调优时间。某些算法可能需要更长的时间来训练和调优模型，而有的算法可能更快。

2. 从质量维度分析

（1）算法的准确性。不同的算法在不同的问题和数据集上可能会有不同的准确性，我们需要评估算法在特定问题上的性能和预测能力。

（2）过拟合和泛化能力。一些算法可能对训练数据过拟合，而在新数据上表现较差，我们需要考虑算法的泛化能力和对新数据的适应能力。

3. 从成本维度分析

（1）计算资源。某些算法可能需要更多的计算资源和存储空间来训练和运行，我们需要评估可用的计算资源和成本限制。

（2）数据收集和标注成本。某些算法可能需要更多的数据来训练和调优模型，我们需要考虑数据收集和标注的成本。

从软件工程的角度，我们需要深入了解开发需求，在可行性分析的过程中，对数据需要有充分的理解和分析，可以参考如下几点建议。

☑ 根据问题的特点。不同的问题可能需要不同的算法来解决。例如，对于分类问题，逻辑回归、决策树和支持向量机等算法可能是合适的选择，而对于图像识别问题，卷积神经网络可能更适合。

☑ 根据数据的特征。数据的特征对算法的选择也有影响。例如，如果数据具有高维度和复杂的非线性关系，深度学习算法可能更适合，而如果数据具有明显的聚类结构，聚类算法可能更适合。

☑ 根据数据量和质量。算法的性能通常与训练数据的数量和质量有关，某些算法可能对大规模数据集表现更好，而某些算法可能对噪声和异常值更敏感。

☑ 根据计算资源和时间。某些算法可能需要更多的计算资源和时间来训练和运行，在实际应用中，我们需要考虑可用的计算资源和时间限制。

从团队管理者的角度，可以尽量采用团队所熟悉的算法或过往项目中已成熟的算法，这样可以降低研发风险，提高研发效率，确保项目的顺利实施。

一个成功的、具有实用价值的 AI 算法系统，往往是由多个 AI 算法组成、以多层次组织起来的系统化的算法，并且是根据数据的特点在细节上做了充分处理的系统，这是一个系统化的工程。如图 1.16 所示，这是一个通过识别人脸图像判断是否疲劳的算法，该算法综合运用了五种算法来实现整个 AI 系统。

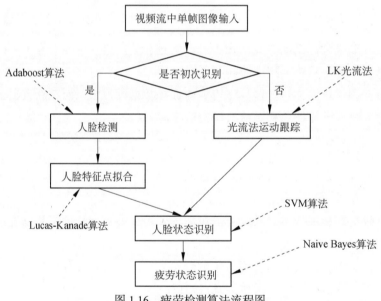

图 1.16　疲劳检测算法流程图

在 ChatGPT 技术未出现之前，中文的人机对话系统也是一个极其复杂的系统，所涉及的算法技术更是多种多样，如图 1.17 是人机对话所涉技术的思维导图，但就是运用如此复杂的算法系统，实际效果还是不尽如人意，这也是 ChatGPT 的对话效果让人感到震惊的原因。ChatGPT 绕过了传统人机对话技术实现方法，通过巨量的数据进行训练，生成超大规模的语言模型，"涌现"出了类似人类的对话能力。

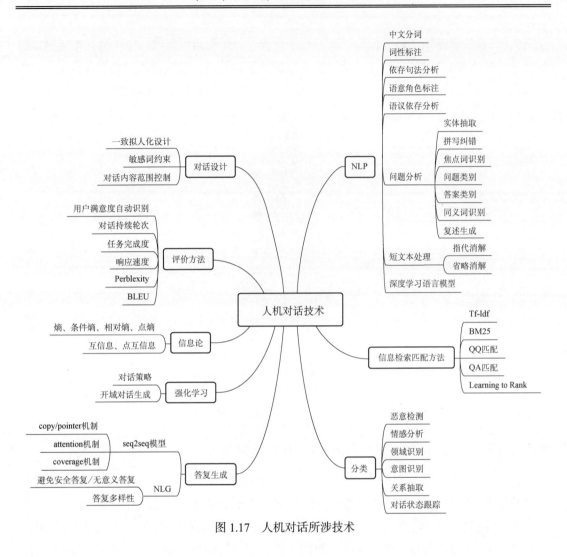

图 1.17　人机对话所涉技术

1.6　数据是推进人工智能技术发展的"燃料"

人工智能和机器学习权威专家和学者吴恩达把人工智能技术比作一枚火箭，而数据则是火箭的燃料，如图 1.18 所示，他还认为高质量的数据比数据的规模更重要。能否获得数据是 AI 技术能否落地的最大门槛。而拥有了数据，如何利用好数据，往往也是个难题，对数据进行观察和分析是实现 AI 技术过程中非常重要的环节，通过对数据观察和分析，我们得以知道如何对数据进行预处理，然后根据数据的特点选择合适的算法技术和工程技术。

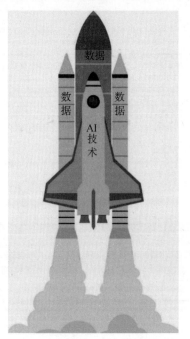

图 1.18　数据与 AI 技术的关系

在现实中，我们所面对的数据是极其复杂和多样化的，刚入行的 AI 算法工程师最容易忽视数据的复杂性，导致在 AI 技术实践过程中走了不少弯路，甚至最后以失败收场。当面对新的 AI 场景时，照搬照套的方法一定是难以成功的，我们不应低估 AI 技术实现的难度，要实现一个 AI 技术会是一个艰难和曲折的过程，在这过程中一定会遇到各种各样的问题，在解决问题的过程中，我们首先会去思考算法模型上的设计问题，但我们也需要更多地去琢磨数据，在数据中寻找新的思路和方法，在对数据的观察和分析中去创新。

人工智能技术目前还是处在弱人工智能的阶段，还需要长时间的算法突破。现在的人工智能技术中，对深度学习算法的应用无处不在，这也误导了一大批人工智能技术的研发者，特别是 AlphaGo 在围棋中战胜人类最顶尖棋手后，对深度学习技术的热情达到了高潮，甚至有人预言到 2029 年人工智能技术可以达到"奇点"。但在很多 AI 产品落地的过程中逐渐发现了一个又一个难以克服的障碍，深度学习具有数据训练时间太长、数据量太大的特点，然而现实中数据是在实时更新和变化的，这导致已训练好的算法模型难以适应新的数据。

人工智能技术的可靠性饱受质疑，如在自动驾驶领域迟迟无法达到完全的自动驾驶，其主要原因是在开放式的道路环境中无法完全保证行车安全，现在已出现一些人工智能专家在反思深度学习技术的缺陷。当然，不可否认深度学习技术确实大幅提升了 AI 算法技术的能力，也出现了很多成功的 AI 产品，让 AI 算法工程师从繁琐的特征工程中解脱出来。但深度学习技术绝不是人工智能算法技术的终点，更不是人工智能算法技术研发中的唯一选项，在人工智能领域最需要的还是创新，唯有不断去创新才能在人工智能领域得到一点一滴的突破。

我们还是处在弱人工智能的阶段，要达到强人工智能阶段，可能还需要较长时间的努力，在这艰难的研究过程中，可以从基础理论研究中去创新，也可以从数据观察和分析中去创新。

第2章
培养对数据的敏锐观察力

人们所熟知的科学家都非常重视对观察力的培养和要求，如俄国化学家门捷列夫对观察有这样的理解：

> 科学的原理起源于实验的世界和观察的领域，观察是第一步，没有观察就没有接踵而来的前进。

> ——门捷列夫

英国生物学家达尔文把他的成就归功于他"在他人之上"的观察力，他这样描述自己的超人观察力：

> 既没有突出的理解力，也没有过人的机智，只在观察那些稍纵即逝的事物并对其进行精细观察的能力上，我可能在他人之上。

> ——达尔文

从心理学的角度，可以把观察定义为有目的、有计划、比较持久的知觉。观察是一个人积极的思维活动，是稳定有意识的注意过程，该过程中借助过去的经验来组织知觉，所以说观察是一个系统的、持久的知觉。观察力即为观察的能力，观察力的最可贵品质是从平常的现象中发现不平常的东西，从表面上貌似无关的东西发现相似点或因果关系，人们在观察能力水平上存在很大的个体差异，凡是在研究事业上成就较高的人，他们在观察能力水平上都比常人要高。

AI算法工程师从事的是具有研究性质的工作，与科学研究存在很多相似性。学会观察数据是 AI 算法工程师的基本素质，若要从纷繁复杂的数据中寻找算法设计的思路和灵感，则需要具备对数据的敏锐观察力。有些算法工程师偏好对算法理论的研究，而不重视对数据的观察和分析，导致在算法研发上难有创新，甚至为此在算法设计上走了很多弯路。

当前的 AI 算法技术水平还未发展到可以适应所有不同 AI 场景数据的程度，所有的 AI 产品设计都需要根据数据的特点选择合适的 AI 算法，并利用数据分析结果和数据训练的方法调整算法参数。虽然我们会把 AI 算法的泛化能力作为一个重要的设计目标，但这个泛化能力仅局限在一种 AI 场景方向上的不同数据。即使在同一个 AI 场景中，为了提升 AI 产品可用性，也会有很多的约束条件，如每天上下班时很多人需要面对的人脸考勤机，当你利用人脸进行上下班打卡时会有不少限制，如人脸需要正对着考勤机，人脸与考勤机之间需要保持一定的距离，头发不可盖住眉毛，不可戴墨镜，面部不带表情等。这些约束便是对所要处理的数据的特殊要求，若无法满足这些要求，你会发现 AI 机器变得无比"智障"。因此，脱离了数据分析，脱离了在数据分析过程中对数据的敏锐观察，难以想象可以把 AI 算法做好。

接下来，我们将从多方面探讨如何培养对数据的敏锐观察力。

2.1　心中有"数"

在 AI 算法研发过程中离不开数据的支撑，首先需要根据 AI 场景数据进行技术可行性分析，以及对数据进行更深入的分析，根据数据的特点和规律选择合适的算法；然后在算法设计过程中把数据分为测试集和训练集，利用测试集和训练集对算法进行调优；最后在评估或验收 AI 算法时，收集新的数据检验算法的泛化能力（又称推广能力）。AI 算法研发过程就是一个不断跟数据打交道的过程，也是一个对数据逐渐深入了解的过程。为此，我们必须做到心中有"数"。

如果你是从软件应用系统研发工作转到 AI 算法研发工作，则需要转变工作的思路和方法，需要分清楚应用系统研发和 AI 算法研发的特点，如表 2.1 所示。

从表 2.1 中可以看出，AI 算法研发相较应用系统研发显得更为单纯，它主要是一个算法技术实现和改进的过程，而应用系统研发需要考虑的问题较多，在满足功能需求的前提下，还需要考虑系统的美观性、易用性、可维护性、稳定性等。但是单纯并不意味着简单，相反地，AI 算法研发是一个复杂的、较高难度的代码设计工作，并且在算法细化设计和优化过程中需要做很多的创新，特别是在对数据的观察和分析上，更能够考验一个人的创新能力水平。

表 2.1 两种软件系统研发的比较

应用系统研发	AI算法研发
较多采用敏捷开发的模式，系统迭代频繁	较多采用瀑布开发模式或螺旋开发模式，采用较为稳重的推进模式
客户较容易说出他想要的功能，需求一般较为明确	客户对 AI 技术不太了解，大多情况下无法明确给出需求（算法性能目标）
较注重软件系统设计的易用性	较注重 AI 算法的可用性和可靠性
研发周期一般都较短，较少有一年以上的项目研发周期	研发周期一般都较长，两三年以上的研发时间非常常见
测试和验收较为简单，主要是功能性测试和稳定性测试	测试和验收较为复杂，需要有量化指标，而且还要面对评价数据不稳定性的难题
工程师的代码产出率较高，主要工作时间是在为功能的设计和调整编写代码	工程师的代码产出率较低，主要工作时间是在利用数据进行算法的优化
开发过程更侧重界面美观设计、流程和功能分析	开发过程更侧重数据分析和技术可行性验证
软件系统的维护工作主要是为了适应系统环境和客户需求的变更	AI 算法的维护工作主要是为了提升算法的可靠性和适应性

如果你没有 AI 算法研发经验，或者从未认真思考如何面对 AI 场景数据，那么以下这些问题将有助于你快速了解 AI 场景数据的相关内容。

1. 数据从何而来

例如对于图像数据，采集图像数据的方式非常多，有扫描仪扫描、手机拍摄、监控设备抓拍、高拍仪抓拍、显微电子设备图像生成等，这些不同的图像数据获取方式产生了不同的数据特点，导致对算法设计有不同的技术要求。表 2.2 描述的是两种不同方式获取的图像数据的特点。

表2.2　两种图像获取方式的比较

图像采集方式	主要特点
扫描仪扫描	图像清晰，分辨率高，图像细节清晰可见，不受外界环境干扰
手机拍摄	受外界环境影响大，有反光、抖动、光照不均、背景复杂等现象，图像模糊，不同手机还存在拍照图像质量不一样的情况

在工业领域，数据的来源更是多样化，并且数据还不能同时得到，如环境温湿度数据可以实时获取，但是成分化验数据则需要通过采样化验后得到。对于这种无法同步得到的数据，如何去组织不同来源的数据是 AI 算法系统设计首先要解决的问题。

2. 数据可靠吗

有些数据是人工录入的，并且没有经过严格的检查，数据难免存在人工录入的失误；有些数据是从数据库直接导出来的，可能存在导出的错误；有些数据存在中间过程的转换，可能存在转换过程中数据丢失或不完整的现象；有些数据可能因采集数据的设备出现了异常，导致数据无法真实反映情况。对于数据的可靠性是首先要确认和解决的问题，只有在确保数据可靠的前提下，才能开始后续的数据分析工作。

如表 2.3 所示的数据是在某个室内环境中从 4 个 CO_2 传感器获取的，通过数据对比分析发现第一个传感器得到的数据与其他 3 个传感器数据存在明显的差异。室内是连通的，4 个传感器相隔的距离都不远，可以确定是传感器出了问题，最后发现是因为第一个传感器没有调校而导致测量得到的数据偏差较大。

表2.3　4 个 CO_2 传感器采集的数据

CO_2 测点 1（ppm）	CO_2 测点 2（ppm）	CO_2 测点 3（ppm）	CO_2 测点 4（ppm）
1569	803	803	786
1586	799	799	771
1619	792	792	779
1603	812	812	778
1616	810	810	784
1621	801	801	789

续表

CO$_2$ 测点 1 （ppm）	CO$_2$ 测点 2 （ppm）	CO$_2$ 测点 3 （ppm）	CO$_2$ 测点 4 （ppm）
1605	810	810	784
1591	792	792	786
1608	791	791	781
1604	809	809	787
1589	801	801	787
1585	802	802	785
1589	818	818	773
1603	790	790	777
1593	789	789	777
1618	783	783	774
1603	794	794	773

"尽信数，不如无数"，在算法设计之前观察和分析数据，尽可能地发现数据中的问题，可以大大降低后续的研发风险。

3. 数据量足够用于分析吗

数据分析主要是以概率统计为理论基础，如果是少量的数据则统计分析的数据与真实情况可能存在较大的偏差。例如可以从抛硬币的统计过程发现数据量大小的重要性，表 2.4 是试验得到的数据。

表2.4　不同次数下的抛硬币概率统计数据

抛硬币/次	10	20	30	40	50	60	70	80
字面向上的概率/%	70	65	60	55	48	51	52	51

对于抛硬币过程中字面向上的概率，从理论上很容易理解它的概率应当是 50%，但从上面的试验可以发现，当抛硬币的次数较少时，统计得到的概率与 50%偏离很大，且次数越少偏离越大。

　　从这个试验可以发现，当我们在做数据统计分析时，如果数据量不够，则分析得到的数据准确性或可信度可能较低，那么多少数据量较合适呢？根据概率理论，数据量是越多越好，数据越多则越逼近真实情况，但是，现实中并不是我们想要多少数据就有多少数据，一个原因是现实条件的限制无法得到足够多的数据，另一个原因是数据量越大则需要越多的计算资源来支持，所以我们需要折中考虑。这里有一个较好的解决方案，首先分析 AI 场景可能存在的各种环境条件和状态，然后寻找各个条件和状态下的数据，以保证数据有较高的覆盖率（类似测试用例的设计）。至于每种条件和状态下多少数据量较合适，需要依据现实条件、所选择的 AI 算法和场景目标来确定。如用于测试的图像数量，如果识别准确率要求达到 1%，则需要至少 1000 张的图像来测试；如果是 0.1% 精度，则需要至少 10 000 张的图像来测试。精度越高，需要测试的图像越多。对于训练图像的数量，不同的算法需要数据量有所不同，如对于 SVM 算法，较少量的图像（往往需要 500～1000 张的图像）就可以训练出较好的分类算法。但是对于深度学习，如果是预训练，则所需要训练图像数量是 SVM 算法的千倍以上，如果是微调（fine tuning），也需要数倍以上的图像数量。

4. 数据的格式是什么

　　数据的格式是指数据的组织方式，不同的数据有不同的组织方式。如汉字字符串，有不同的编码组织方式，如 GB2312、GBK、UCS2 等编码形式，甚至还会碰到三字节形式的、让人觉得很奇怪的 UTF8 编码。对于 UCS2 编码还有 big-endian 和 little-endian 两种字节顺序，当你处理中文字符出现乱码时，几乎都是因为处理数据时忽视了编码问题。特别是对于二进制方式存储的数据，更需要有一份数据格式的说明文档，否则可能需要大量的时间去研究和破解。如对于图像和视频数据，有各种各样的压缩格式，虽然有丰富的开源工具来直接读取，但在工业和医疗领域中可能存在私有格式的图像数据，这类数据可能无法用常用的工具读取图像数据而需要用专用的工具才能读取和分析其中的数据。

　　当经过算法或数据分析工具处理后的数据出现乱码，如中文字符变成了一堆让人看不懂的乱码、显示的图像出现错乱、输出的数据离正常值偏差太大，很有可能是数据格式问题导致的。

5. 读取数据的工具是什么

　　如何把数据导入数据分析工具？有些需要专用的数据解析工具，有些可能还需要编写特殊的程序进行读取。只有把数据读进来，才能做全面的数据分析。

对于列表类型的数据，如果你不想花心思通过编程来分析数据，可以用微软 Excel 文档工具来处理。导入数据的方法非常简单，把每列的数据用逗号分隔，然后把文件的扩展名更改为 csv，这时就可以用 Excel 打开该文件，在 Excel 窗口中可以发现每列数据被整齐分隔。现在的 Excel 功能非常强大，能够支持很多函数的使用，可以实现大部分的数据分析工作，并且都是可视化的操作，不需要编程，非常简单和高效。

6. 数据整理需要做哪些工作

数据整理的工作主要是为了得到可靠的数据，对于原始数据需要去掉其中没用的或异常的数据，有时为了算法系统中某个模块的设计需要，还需要对数据进行变换，如对于图像数据，可能需要对图像做旋转和切割的工作。

AI 算法设计中一般都会有一个数据预处理模块，该模块的主要功能就是对输入数据进行过滤、整理、变换，以降低后续模块数据处理的压力。在未进行 AI 算法设计前，通过数据整理的工作和分析可以预见将来在算法设计时所需要做的数据预处理功能。

7. 对每个维度的数据是否有充分的说明

对于数据的每个维度都需要去理解它，需要得到数据的充分说明，特别是在工业数据中，数据的每个维度代表了不同测点，具有不同的含义，为此，还需要了解相关的工艺知识，否则分析非常困难，甚至无从下手。

对数据进行归一化处理是解决数据不同维度差异的很好解决办法。如何进行归一化处理，需要详细了解每一维度的数据表示方法、数据分布特点和数据范围，这些信息都可以从数据说明信息或数据分析结果中获取到。

8. 数据与算法设计的目标是否相关

首先要确保获取的数据是实际应用场景中采集的数据，如果场景较复杂，可能获取的数据并不是我们想要的数据，特别是对于工业生产数据，由于工序较多，数据分析之前需要结合算法设计目标确定得到的数据是否相关，增加不相关的数据会加大算法设计的难度，而漏掉相关的数据则会降低算法系统的可靠性和性能稳定性。

9. 数据有什么特点和规律

数据分析的主要目的是寻找数据的特点和规律，AI 算法难以实现通用性的原因之一在于，在不同的 AI 场景中，数据的特点和规律难以相同，需要针对数据特殊性进行算法改进和算法模型参数调优。如果对数据的特点和规律不了解或有误解，则会存在巨大的设计风险。

有经验的 AI 算法工程师通过观察可以快速发现数据的特点和规律，如果经验不够，则需要通过一些数据分析的工具或者编程来了解数据的特点和规律，在第 3 章我们会重点探讨寻找数据特点和规律的方法。

10. 新项目的数据与以往所经历的相似 AI 场景的数据有什么不同

对于有经验的算法研发人员，若忽略现有数据与所熟悉数据的差异，很容易犯经验主义的错误。通过发现数据的差异，便可以找出算法需要改进的地方，甚至可以预防掉入设计错误的陷阱。

数据在不同应用场景或实施项目中一定会有或大或小的差异性，为了解决这些差异性，通常需要做一些定制化的修改和新功能设计，这也是有些 AI 科技公司以项目形式为主要推广模式的原因。

11. 根据现有数据选择哪种算法实现较合理

针对不同的数据量和数据特点，可以选择不同的算法进行设计。在算法选择上很难选出效果最好的算法，需要因地制宜，有些算法需要数据量较少，有些算法需要数据量较多，有些算法实现起来较为简单，有些算法实现起来较为复杂且研发周期长。算法实现的难易程度还跟个人的自身能力和熟悉程度有关，原则上尽量选择自己熟悉的算法技术，避免跟风和求新，否则会增添很多设计上的风险。

其实，每一种 AI 算法都有其局限性，没有一种算法可以完全解决问题，当一种算法无法解决全部问题时，不妨考虑运用其他算法进行弥补。对于 AI 算法技术采用系统化的设计方法，运用工程的思想去解决问题，这样便可以广开思路，使得 AI 算法技术最终能够落地。

通过上面这些问题的分析将有助于我们快速了解数据，做到心中有"数"，为接下来的算法研发工作打下基础，甚至可以避免一些不必要的研发风险。

2.2　数据理解力

面对数据，不同的人会得到不同的理解，这与个人的认知水平和观察的角度有关。对于欠缺算法研发经验的人，要快速理解 AI 数据是个较难的任务，这种情况下需要多些耐心，并持续观察和思考，在算法设计过程中逐渐对数据有较深的理解。数据是复杂和多变的，在不同的 AI 场景下，数据都会有各自的特点，提升数据理解力需要一定的经验积累，这是一个长期的锻炼过程，所以培养一名优秀的 AI 算法工程师并非易事，相对于应用系统研发工程师，AI 算法工程师的成长更难，需要更多的时间。

可以从如下几个方面考察 AI 算法工程师对数据的理解能力。

1. 对数据在高维空间中的分布是否具有想象力

人类习惯于三维空间的思维，当超过三维时，便让人难以想象和理解，如图 2.1 所示是四维空间中的正立方体。可是，AI 算法要处理的数据很少在三维以下，这需要对高维数据具备一定的思维能力，能够想象数据在高维空间中的分布特点。要做到这一点还需要借助一定的分析工具。

图 2.1　四维空间中的正立方体

人工智能算法经常提到"维数灾难"这个名词，维数灾难是指在高维空间中遇到的难以克服的难题。在高维空间中，数据的分布变得非常的稀疏，如果我们用 Euclidean 距离、Manhattan 距离等方法来描述不同数据之间的差异性，会发现存在直觉上无法理解的问题，如在图像识别测试过程中，会发现明明看起来很相似的两个图像计算得到的特征距离很大，而看起来差异很大的图像特征距离却很小。如果直接用 Euclidean 距离计算两个特征的相似度，在大部分情况下都难以准确反映数据之间的差异，导致机器学习效果不理想。

2. 能否从多角度寻找数据的分布规律

如图 2.2 所示的山峰，从不同角度观察可以得到不同的认知。对于数据的分布规律，如果从不同的角度去观察，也会得到不同的规律。对于一幅图像，如果从色调的角度去分析，可以得到色调的种类；如果从亮度的角度去分析，可以得到图像的明暗特点；如果从边缘梯度的角度去分析，可以得到图像的清晰度特点，等等，尝试从不同角度分析可以找到更多的规律，从而有更多解决问题的方法。

图 2.2　横看成岭侧成峰

从理论上来说，某 AI 场景中的数据若要具备可预测性，则数据必须具备一定的分布规律，否则无法被预测或分类。数据往往具有多面性，在某个方向找不出规律，但在另一个方向可能发现其规律，这需要耐心地观察和分析。

3. 能否找出不同状态下的数据变化规律

数据发生变化有其内在驱动因素，在不同的状态下，数据展现不同的变化规律。AI 算法系统中常设计一个有限状态机处理各种不同状态下的数据，并通过找出各种状态之间的转移规律控制 AI 算法系统中数据流的运转，运用有限状态机可以较好地完善 AI 系统要实现的功能。有限状态机图例如图 2.3 所示。

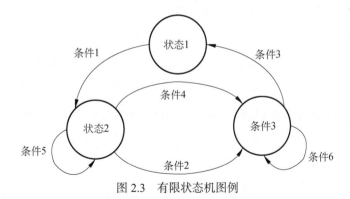

图 2.3　有限状态机图例

数据变化分稳态变化和非稳态变化，稳态变化的数据一般呈高斯分布，在第 3 章中我们将详细讨论高斯分布的特点和数学规律。非稳态变化有多种数据分布形式，最常见的是如图 2.4 所示的数据变化规律——Sigmoid 函数。

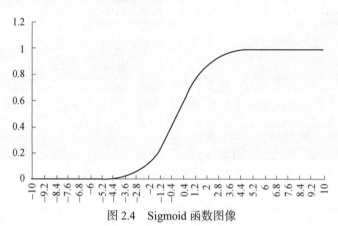

图 2.4　Sigmoid 函数图像

Sigmoid 函数又称 Logistic 函数，公式形式如下。

$$\text{Sigmoid}(x) = \frac{1}{1 + e^{-x}} \tag{2.1}$$

Sigmoid 函数的数据变化非常的自然和平滑，而且对 Sigmoid 函数进行求导非常简便，$S(x)$ 的导数可以表示为 $S(x)(1-S(x))$，在神经网络类型的机器学习中 Sigmoid 函数还被应用于激活函数。

存在多种数据的变化类似 Sigmoid 函数所表现的数据变化特点，例如，人口增长，通常初始增长较慢，然后随着时间的推移逐渐加速，最终趋于饱和；产品市场饱和度，新产品在市场上的接受程度通常经历一个缓慢的增长阶段，然后随着市场渗透率的提高，增长速度逐渐加快，最终趋于饱和；等等。所以，利用 Sigmoid 函数，或对该函数稍加变形，即可模拟现实中的许多数据变化，建立各种用于测试的仿真环境。

4. 能否对数据进行转化以简化分析问题的复杂性

很多情况下我们需要对数据进行适当转化以简化问题的复杂性，如图 2.5 所示，可以通过图像增强得到更易于识别的图像。图像识别算法中常常对彩色图像进行灰度转化，然后进行二值转化，通过这样的方式可以降低图像数据的维度，从而降低算法设计的难度。当然，现在的卷积深度学习（CNN）技术已不需要这样做，但是在很多情况下，对数据进行转化后确实可以收获意想不到的效果。

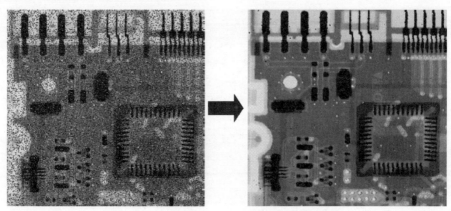

图 2.5　通过图像增强得到更易于识别的图像①

5. 现有数据对算法模型中的参数变化会有什么影响

现有数据如何影响算法模型中的参数，目前在深度学习技术中是个难题，因为它几乎是一个黑盒，而且其中的参数数量可能达到千万甚至上亿的级别，所以深度学习是一个难以分析内在原理的技术。解决问题的办法是多次训练和测试来寻找最佳参数组合。对于模型参数较少的机器学习算法可以较为直接地发现参数变化规律，从模型参数的变化找出训练数据的问题，通过解决训练数据的问题来提升训练效果，如纠正训练数据中标注有误的样本、剔除 AI 场景中不可能出现的训练样本、增加不同状态下的样本数据等。

6. 能否从测试结果评估数据中寻找算法的问题和训练数据的问题

算法测试是一个无法逃避的环节。为了从测试反馈的数据中发现问题并改进算法，首先需要非常熟悉数据，其次要能够判断哪些问题是因为代码设计错误，哪些问题是因为算法技术方案的错误。一般在算法程序设计过程中，初始阶段大部分工作是在解决代码设计错误，中期通过对数据的理解改进算法，后期需要增加算法系统的复杂度来提高算法可靠性，其规律如图 2.6 所示。

作为 AI 算法研发工程师，需要有意识地提升对数据的理解能力，并且认识到理解数据需要扎实的数据分析工作，在第 3 章我们将会深入讨论数据的分析方法。

---

① Akyol G. What is Image Enhancement? [EB/OL]. (2023-01-14) [2023-03-22], https://medium.com/@gokcenazakyol/what-is-image-enhancement-image-processing-3-32a813087e0a.

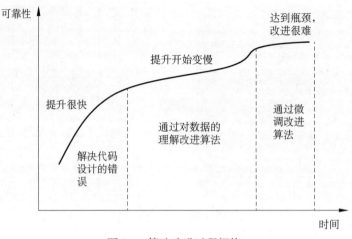

图 2.6　算法改进过程规律

2.3　实践经验积累

AI 算法研发不仅理论性很强，实践性也很强，需要具备一定的工程实践能力。没有经历过至少一两个 AI 算法项目的实践，就不会对算法理论有更深的认识，更无法体会数据的复杂性。如何在实践过程中快速提升对数据的理解力，可以从以下三个方面做起。

1. 保持开放的心态

如果你是在一个团队中做研究，心态开放非常重要，要乐于与同事做技术交流，虚心向同事学习和请教，善于取长补短，这样不仅可以提升工作效率，更可获得解决问题的不同灵感。假如你不是在一个团队中工作（单干），可以通过各种机会与外界交流，如论坛、博客、讲座、研讨会等。我们身处在信息高度发达的时代，人与人之间的沟通和交流变得非常容易。人与人之间的关系是相互的，当你把你的想法和技巧告诉别人时，别人也会回馈给你他的想法和技巧。不要担心在交流过程中可能出现冲突，思想经过"碰撞"才能出现"火花"。当你秉持开放的心态做研究时，会发现自己的进步很快。

2. 多做反思和总结

学习、实践和总结是一个闭环，在实践中会碰到很多问题，甚至会走很多弯路，这些都需要我们去深入反思并总结解决问题的方法和规律。在 IT 行业中，大部分人的工作都比较紧张，很多人为了赶项目而"疲于奔命"。AI 算法研发是一个研究性很强的工作，应当留给自己更多的时间去思考，多反思和总结，这样才可以提升工作效率。工作效率提升了，就会有更多的时间去学习和思考，形成一个良性循环，否则，容易陷入工作难以收尾和不断处理各种问题的泥潭中。

完成算法设计文档是一个反思和总结研发工作的好方法，通过文档的编写，不仅可以加深对算法的认识，还可以通过文字的描述对算法设计进行抽象和总结，提升个人的技术沟通能力，增加技术交流的机会。算法设计文档模板如表 2.5 所示。

表 2.5　算法设计文档模板

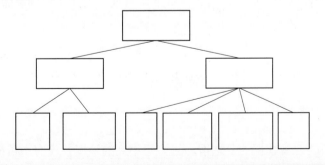

××算法设计

一、算法功能目标概述

　　1. 应用场景

　　2. 性能要求

　　3. 算法输入数据的限制

　　4. 算法应用软硬件限制

二、算法输入数据分析

　　……

三、算法实现原理和设计方法概述

　　……

四、算法模块结构图

续表

五、关键数据结构和数据文件描述
......

六、算法实现关键过程
1. 主体函数名称定义
2. 算法实现流程图

七、代码实现位置
1. 代码整体实现文件夹路径
2. 与该算法有关的代码文件

八、算法测试方法
......

九、算法应用需注意的问题
......

十、算法性能现状
......

十一、算法改进日志记录
......

3. 坚持学习和跟踪前沿技术

坚持学习是研发人员应当具备的优秀品质，理论和技术每天都在更新和变化，若没有及时跟进，则很容易成为"井底之蛙"。学习可以是多方面的，人工智能技术涉及的领域非常广泛，如计算机科学、数学理论、生命科学、认知心理学、人文社会科学、科学哲学等，这些都是需要去了解的信息。对于 AI 的前沿理论和技术更需要去了解，这样才能更好地确立和规划研发方向，才能保证研发的算法具有先进性和优越性。

2.4 数据的复杂性

设计算法时不要忽视数据的复杂性，只有想不到的情况，没有不可能存在的情况。如

图 2.7 所示的车辆检测算法训练图像，存在不同视角、不同车型、不同车身颜色等情况，针对这些情况，车辆检测算法需要的训练图像数量达到十万以上才能达到可用的效果。

图 2.7　车辆检测算法训练图像

　　OCR 是一种文字识别技术，即把图像中的文字转换成可以编辑处理的字符信息，20 世纪六七十年代开始有这方面的相关技术研究，主要是针对数字和字母的识别研究，对汉字的识别在 20 世纪 80 年代才有较好的突破。对于汉字识别，最开始的研究想从笔画上进行结构识别，通过笔画的种类和位置识别汉字，但在笔画提取时遇到困难（这里要区分联机识别和脱机识别，联机识别可以跟踪笔迹运动过程，所以很容易提取笔画，如图 2.8 所示的手写输入法便主要是通过笔画进行识别的，但它不属于 OCR 技术范围，如图 2.9 所示的过程为 OCR 技术），如断笔、粘糊、笔画方向判断问题等，如图 2.10 所示。对于人脑确实很容易识别笔画，但对计算机确实太难，人们低估了图像数据的复杂性。后来采用统计识别的方法绕过了笔画提取难题，终于在汉字识别上取得了较好的效果。20 世纪 90 年代又出现了卷积神经网络技术，该技术能够很好地适应图像旋转和变形，更好地解决了 OCR 技术问题，对于手写字符具有较好的适应性。回顾整个 OCR 技术发展历程，可以发现在 OCR 技术变化过程中为了解决图像数据的各种复杂性而创新了多种新技术。

图 2.8　联机手写输入（联机字符识别）

图 2.9　名片拍照识别（脱机字符识别，OCR）

断笔情况　　　　　粘糊情况　　　　　　笔画类型和方向都一样

图 2.10　字符识别需要解决的难题

对于数据的复杂性有一个认识过程，刚开始特别是经验欠缺时，对数据的复杂性意识往往不够，随着研发的深入，数据的复杂性问题便会逐渐显现出来，AI 软件项目的研发无法按期交付往往受这个因素影响。

当前人工智能技术已渗透到各个行业，人工智能的项目机会非常多，但现实中能做成功的机会并不多，其中不仅是技术水平问题，更多是数据的问题。如有些企业连信息化的建设尚未完成就想一步跨入智慧化，这样的企业保存的数据不仅不足以支撑机器学习所要的数据量，而且在人工录入的数据中还存在大量的错误，最终导致项目无法按期完成甚至失败。

在企业的商务推广中 AI 算法研发工程师的话语权一般较低，经常是项目可行性论证还不够就匆匆开始研发，还有就是有些算法研发工程师对技术过于乐观，凭借已有的经验和客户对数据的说明就确定了技术方案，结果当看到实际数据时往往就"傻眼"了，才发现原来的技术方案不可行，甚至根本做不了。

在没看到数据之前千万不要妄下定论，有如下四点原因。

（1）数据是复杂的，客户通常很难把数据描述清楚，除非客户自己能够做充分的数据分析。

（2）要应用的数据一般是多维的，哪些维度有用，哪些维度没有用，在行业专家分析后，还需要通过数据去验证。当维度多时，专家也会出现疏漏。

（3）不要低估数据的复杂性，特别是图像数据，只有你想不到的情况，没有不会出现的情况。

（4）根据数据的特点选择合适的产品实现策略非常重要，不要全依赖算法技术，如对于图像识别场景，可以通过改进硬件技术提升图像数据质量或者增加图像采集的约束条件，从而降低算法实现难度。

2.5　培养创新意识

当我们明白了 AI 算法所面对数据的复杂性和当前的 AI 算法技术水平，就更能体会创新是多么的重要，一位没有创新意识的 AI 算法研发工程师称不上研发工程师，甚至连应用开发工程师都可能无法胜任。创新并不是一定要想出一个新的算法思想，AI 算法实践中可以有很多微创新，有人把微创新称为工程技巧。不要小看这些微创新，它们积累到一定程度就是大创新。"实践出真知"，在实践过程中需要解决很多的问题，在解决问题的过程中便可以有很多的创新，你可能"灵光一现"，便发现了一个新的算法设计思路，甚至可能是一个新的 AI 算法思想。

一个人的创新能力更能体现出他的研发能力，在研发工作过程中要有意识地开拓思路和提升创新能力水平，注意以下几点有助于你提升创新能力。

1. 要有独立思考的能力

现在是信息高度发达的社会，我们每天可以看到各种各样的信息，若没有独立思考的能力，便会被各种信息所迷惑，甚至会变得不知所措。作为 AI 算法领域的实践者，我们需要具备清醒的头脑，对当前的技术水平要有清醒的认识，不盲从，不迷信权威。在了解技术的过程中，若发现问题要敢于批判和反思。对于需要应用的技术要追根究底，摸清和彻底理解其技术原理。在寻找或搜索技术思路之前，多想想自己能够有什么思路，不要习惯性地使用开源的技术，开源技术虽然来得快和容易，但封闭了自己的创新能力。

2. 培养广泛的兴趣

人工智能技术是涉及面很广的科学，如图 2.11 所示，数学是其基础，但能够让你突发灵感的往往不是数学，我们可以从生命科学中寻找生物智能的原理，可以从科学哲学中寻找思维的方法，可以从人文科学中寻找人类解决问题的智慧，可以从心理学中寻找人的认知方法，甚至也可以在美学中寻找对美的感受和理解，等等。让自己的兴趣广泛些，可以让你对外界事物保持好奇心，开拓自己的视野，让你的思维充满活力，让你更具有创新能力。

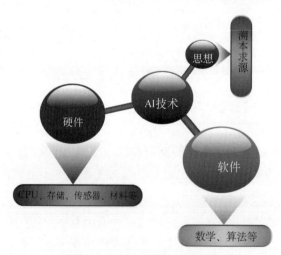

图 2.11　AI 技术所涉及的领域

3. 坚持学习

若抛弃了学习，仅一味地想创新，则只能让你的思路成为"无源之水"。创新是一个厚积薄发的过程，学习是创新的基础，并且"学无止境"，通过学习汲取各种知识的营养，才能让自己更有能力去创新。

4. 要有耐心和毅力

有些问题的解决需要较长的时间去思考，持续深入地思考才能找到解决问题的新办法。有问题并不可怕，可怕的是我们没有耐心和毅力去解决问题，如对于数据的观察，是否愿意耐着性子反复去琢磨？数据是抽象的，更是枯燥的，但当你每次去观察和分析数据时，总是会有新的发现，每次新的发现往往会引导你找到解决问题的新思路。AI 算法研发是一个长久的过程，少则半年，多则五六年，甚至更长的时间，在这漫长的过程中需要一个又一个的创新去突破，若没有耐心和毅力则很难坚持下来。

5. 劳逸结合

做研究常会有这样的感觉，无心插柳柳成荫，有心栽花花不开。能否创新，常常给人感觉是可遇而不可求。当你迷茫、困惑时，不妨放一放，劳逸结合，出去走走，或转移下注意力，灵感也许会在你不经意间闪现。紧张繁忙的工作一般很难有创新，因为在忙碌中很难有深入思考的时间。让自己从繁琐的事务中解脱出来，为自己创造一个易于创新的环境非常重要。很多高科技企业为研究人员安排一个安静、宽松的工作环境也正是基于这样的原因。

2.6　两种思维模式

美国著名的心理学家 Daniel Kahneman 编著的一本书名为《思考，快与慢》，该书从各个角度多方位地对人的思考模式做了深入探讨，他把人的思考模式分为两种，人脑中有两套系统分别执行两种模式的思考①。

---

① Kahneman D. 思考，快与慢[M]. 胡晓姣，李爱民，何梦莹，译. 北京：中信出版社，2012：5.

（1）系统一的运行是无意识且快速的，不怎么费脑力，没有感觉，完全处于自主控制状态。

（2）系统二将注意力转移到需要费脑力的大脑活动上，例如复杂的运算。系统 2 的运行通常与行为、选择和专注等主观体验相关联。

如图 2.12 所示，系统一模式即为所谓的"快思考"，系统二为"慢思考"。快思考是我们最常用的思考方式，依赖情感、记忆和经验迅速做出判断，使我们能够迅速对眼前的情况做出反应，我们经常所说的直觉和无意识的思考就是快思考方式。快思考很容易使我们犯错误，它固守"眼见即为实"的原则，任由损失厌恶（一种避重就轻的心理）和乐观偏见之类的错觉引导我们做出错误的决策。有意识的慢思考则通过调动注意力来分析和解决问题，并相应做出决策，这个过程虽然比较慢，但不容易出错。

图 2.12　两种思维方式

我们的大脑其实很懒，很容易习惯性地做快思考，就如有些人做事情喜欢跟着感觉走，这种人一般属于乐观派，是最容易犯错误的人。做事严谨认真的人，往往会做更多的慢思考，把风险和问题考虑充分，喜欢"先谋而后动"，这种人往往给人较为稳重的感觉。在这里，我们并不认为仅凭直觉和经验做判断一定是错误的，相反，在大多情况下，它非常有用，特别是在非常紧急的情况下，直觉和经验显得非常重要，如在我们开车时，需要不断地做出快速的反应和判断，这时就需要我们做很多的快思考。

AI 算法研发工程师需要对数据具备敏锐的观察力，这里的"敏锐"并不是指我们一定要快速做出判断，而是指对数据要有深刻和全面的分析能力。在绝大多数情况下，我们会有充分的、较长时间的分析和思考，不需要做那种"脑筋急转弯"的思考。我们在数据分析过程中会犯很多错误，如忽略数据的差异性、数据的空间分布特性、异常数据对机器学习训练模型的影响等，产生这些错误的原因往往是对数据分析缺乏耐心和细心，喜欢凭直觉和经验做判断，没有养成慢思考的思维习惯。

科学家发现，慢思考和快思考对大脑皮层有不同的影响，习惯于或经常做慢思考的人，他的大脑皮层与其他脑神经的联系更深，思维更有广度和深度。所以，对于 AI 算法研发工程师，需要习惯性地多做深度思考，放慢工作节奏，不要急于下结论和做出决策，对数据要多做分析，养成深度思考的习惯，这样可以提升我们的思考水平，更可以提升我们对数据的观察力。

2.7 观察数据实现算法的案例

这里我们通过一个案例展示观察数据而得到的算法，这是一个非常简单、高效的算法。

2.7.1 算法设计需求——检测电路板中的污渍

图 2.13 中右侧圈出来的部分是合格的电路，左侧圈出来的部分是受污染的电路（污渍），需要把受污染的电路检测出来。

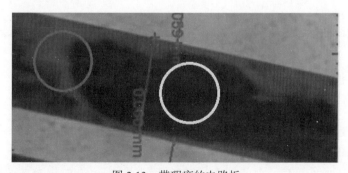

图 2.13 带瑕疵的电路板

2.7.2　观察数据

利用图像处理工具来观察数据的特点，这里我们用 CxImage 图像处理工具（见图 2.14）观察和处理图像数据，利用该工具在窗口状态栏中可以观察图像中每个点的位置和像素值。

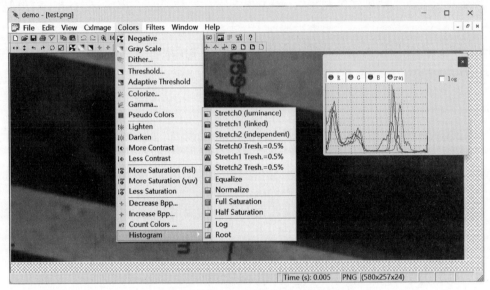

图 2.14　CxImage 图像处理工具界面

通过观察和分析可以发现带斑点的电路板图像数据有如下两个特点。

（1）黑色块图像的像素点红色分量一般都小于 60，而非黑色块的红色分量一般都大于 60。

（2）背景图像的像素点可以根据像素点红色分量是否大于 160 直接分离出来。

2.7.3　算法设计

该算法分为如下两步设计。

（1）利用彩色图像中的红色分量对图像进行灰度化处理。把红色分量大于 160 的像素点设置大小为 255 的灰度值（背景图像）。把红色分量小于 60 的像素点设置大小为 0 的灰度值（非污渍图像）。把红色分量介于 60～160 的像素点设置大小为 150 的灰度值（污渍图像）。在 CxImage 中用 C++语言实现上面的过程，代码如下。

```
int height = image->GetHeight();
int width  = image->GetWidth();

//过程1:利用颜色值把背景灰度设置为255,把黑块的灰度值设置为0,把斑点的灰度值设置为150
for(y = 0; y < height; y++)
    for(x = 0; x < width; x++) {
        RGBQUAD color = image->GetPixelColor(x,y);

        //根据红色信息进行判断
        if(color.rgbRed < 60)
            image->SetPixelColor(x,y,RGB(0,0,0));
        else if(color.rgbRed > 160)
            image->SetPixelColor(x,y,RGB(255,255,255));
        else
            image->SetPixelColor(x,y,RGB(150,150,150));
    }
```

通过上面的方法可以把如图 2.15 所示的原始图像转换成如图 2.16 所示的灰度图。

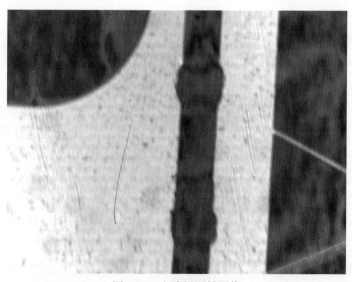

图 2.15　电路板原始图像

图 2.16　灰度转换后的图像

（2）利用连通域分析去除灰度图中的小块白点。通过队列数据结构可以快速实现像素点的连通域分析，在这里要做的是白色块（即灰度值为 255）的连通域分析，连通域分析（图像切割和去噪常用的方法）后即可得到所有互相分离的白色块，最后把较小的白色块去掉（把灰度值转换为 155）。代码如下。

```
//过程2：利用连通域分析，检测小白块（由于阈值设置的原因可能会出现小白块），把小白块
设置为斑点

// 定义连通域结构体
typedef struct {
    int x;
    int y;
} Point;

#define CHECK_PIXEL(X,Y) {RGBQUAD PixelColor2 = image->GetPixelColor(X,Y);\
    if(PixelColor2.rgbRed == 255){ \
    image->SetPixelColor(X,Y,RGB(200,200,200));\
    queue[rear].x = X;queue[rear].y = Y;rear++;\
    blockPixels[PixelsCount].x = X;blockPixels[PixelsCount].y = Y;
PixelsCount++;\
```

```
    if(minX > X)minX = X;\
    if(maxX < X)maxX = X;\
    if(minY > Y)minY = Y;\
    if(maxY < Y)    maxY = Y;}}


// 定义连通域队列
Point* queue = NULL;
Point* blockPixels = NULL;
queue = (Point*)malloc(sizeof(Point)*1000*1000);
blockPixels = (Point*)malloc(sizeof(Point)*1000*1000);
for(y = 0; y < height; y++)
for(x = 0; x < width; x++){
  RGBQUAD PixelColor = image->GetPixelColor(x,y);
    if (PixelColor.rgbRed == 255 ) { // 如果是背景像素且未访问过

    int blockWidth,blockHeight;
        int front = 0;
        int rear = 0;
        int minX = width;
        int maxX = 0;
        int minY = height;
        int maxY = 0;
        int PixelsCount = 0;

        image->SetPixelColor(x,y,RGB(200,200,200)); // 标记为已访问

        queue[rear].x = x;
        queue[rear].y = y;
        rear++;
        blockPixels[0].x = x;
        blockPixels[0].y = y;
        PixelsCount++;


        // 使用广度优先搜索遍历连通域
        while (front < rear) {
            int x1,y1;
```

```
Point current = queue[front];
front++;

// 检查当前像素的上下左右八个邻域像素
x1 = current.x - 1;
 y1 = current.y;
 if (x1 >= 0 ) {
     CHECK_PIXEL(x1,y1);
 }

 x1 = current.x -1;
 y1 = current.y -1;
 if (x1  >= 0 && y1 >= 0 ) {
  CHECK_PIXEL(x1,y1);
 }

 x1 = current.x -1;
 y1 = current.y +1;
 if (x1  >= 0 && y1 < height ) {
  CHECK_PIXEL(x1,y1);
 }

 x1 = current.x + 1;
 y1 = current.y;
 if (x1 < width) {
  CHECK_PIXEL(x1,y1);
 }

 x1 = current.x + 1;
 y1 = current.y - 1;
 if (x1  < width && y1 >= 0 ) {
  CHECK_PIXEL(x1,y1);
 }

 x1 = current.x + 1;
 y1 = current.y +1;
 if (x1  < width && y1 < height ) {
```

```
            CHECK_PIXEL(x1,y1);
        }

        x1 = current.x;
        y1 = current.y -1;
        if (y1 >= 0 ) {
            CHECK_PIXEL(x1,y1);
        }

        x1 = current.x;
        y1 = current.y +1;
        if (y1 < height ) {
            CHECK_PIXEL(x1,y1);
        }
    }//end while

    //如果小白块较小，则设置为斑点信息
    blockWidth = maxX - minX + 1;
    blockHeight = maxY - minY + 1;
    if(blockWidth > 0 && blockHeight > 0 && blockWidth < width / 10 &&
blockHeight < height / 10)
    {
        for(int k = 0; k < PixelsCount; k++){

image->SetPixelColor(blockPixels[k].x,blockPixels[k].y,RGB(150,150,150));
        }
    }//end if
 }//end for

free(queue);
free(blockPixels);

//过程3：把背景图像的灰度还原为255。
for(y = 0; y < height; y++)
for(x = 0; x < width; x++){
    RGBQUAD color = image->GetPixelColor(x,y);
```

```
    if(color.rgbRed == 200)
    image->SetPixelColor(x,y,RGB(255,255,255));
}
```

最后输出的图像如图 2.17 所示。

图 2.17　连通域分析后得到的图像

第3章
所有的努力都是为了提升概率
—— 漫谈数据分析方法

深度学习三巨头之一的 Yann Le Cun 出版了一本自传《科学之路》，很多学者为这本书作序，其中有篇序言的标题为《所有的努力都是为了提升概率》，对此，笔者颇有同感，深感 AI 技术的研发工作都是为了这个目标而努力。AI 研发过程离不开数据分析的工作，而且这项工作占据了主要的研发时间，数据分析的目的就是为了提升 AI 产品或项目成功的概率，把"所有的努力都是为了提升概率"作为本章的标题，对 AI 研发过程中的数据分析工作做发散式的讨论和总结，主要目的是引起更多的思考，以提升 AI 产品或项目研发成功的概率。

3.1 AI 系统的可靠性是个概率问题

AI 系统在技术实现上会出现两种问题，一种是系统设计 bug，另一种是系统性能问题。前一种是程序设计过程中代码差错造成的，如字母错误、逻辑错误、条件缺漏、流程顺序不对等，这些问题只要通过严密测试就可以得到解决。但另一种问题则更为棘手，AI 系统有很多指标来表达它的性能问题，如正确率、误识率、召回率等关于可靠性方面的指标，还有如算法占有内存大小和处理速度两方面的性能指标。在算法研发过程中，我们经常遇到的问题，甚至大部分时间都在解决的，是可靠性问题，特别是在 AI 系统发布给客户使用后，经常收到客户关于可靠性问题的反馈。在系统维护和升级的过程中，算法工程师所有的努力几乎都是为了提升系统的可靠性，即提升准确性的概率，减少误识的概率。有些不理解 AI 算法的客户，总是抱怨他们使用的 AI 系统无法做到百分百可靠，甚至因为系统出现一次误判而否定并无法接受该 AI 系统。其实，AI 系统的可靠性是个概率问题，如何评判一个 AI 系统是否可用，关键在于我们可以接受多大程度的误识率，如果错误代价越高，则误识率要求越低，与此同时需要投入的研发成本则越高。现在，在不同的 AI 产品中关于 AI 系统的很多可靠性指标已经有了国家标准，这为项目的验收或产品检验提供了公认的依据。

从工程的角度看 AI 系统，也可以很容易理解任何一个工程系统都没有百分百的可靠性，我们所有的努力都仅是在提升系统可靠性的概率，在可容忍错误率的条件下实现 AI 系统的可用性，而不是为了实现毫无错误的 AI 系统。

对于 AI 系统，在工程实践中也会遇到影响系统可靠性的数据问题，具体介绍如下。

我们所设计的算法对客观世界的"认知"受限于技术条件，只能获取有限的数据维度，无法全面了解事物的全貌。例如人脑识别一个人时，不仅可以从人脸，还可以从他的脚步声、说话特点、身材、气味判断这个人是谁，而计算机只能从人脸来识别判断，当光线和角度不理想或人脸受遮挡时，计算机便无能为力了。特别是对于工业领域的生产数据，数据维度的缺失更是一种普遍现象，维度缺失则意味着认知有缺陷，必定会导致 AI 系统出现误判。根据墨菲定理，该出现的问题总是会出现的，只是概率的问题。数据是复杂的，特别是图像数据，我们无法穷举所有可能出现情况的数据进行训练，如图 3.1 是无法被正确识别的图像。

图 3.1　路标图像[1]

① Evtimov I, et al. Robust Physical-World Attacks on Machine Learning Models [R/OL]. arXiv: 1707.08945 [cs.CR].

上面三张图像被做了微小的干扰，AI 系统就无法正确识别了，这就是自动驾驶技术无法完全依赖图像识别技术的原因。

数据的准确性也存在问题。我们通过各种各样的传感器技术获取到需要的数据，这类数据存在误差是无法避免的，而且传感器还会出现故障和老化的现象，从而导致数据出现错误，这是在工程技术中必须正视的问题。

原始数据在处理过程中也会出现信息损失，如把模拟信号转换成数据信号是通过采样的方法对模拟信号进行量化表示，在这个过程中一定会有信息的损失，还有如数据压缩过程也会出现信息的损失（这里是指有损压缩，现在对图像和声音数据的压缩基本上都是有损压缩，如 JPG 和 MP3 的格式）。在算法处理的过程中仍然存在信息损失，如把彩色图像转换为灰色图像，再把灰色图像转换为二值图像，这里的每个过程都是信息一步步减少的过程，虽然损失的信息也许微乎其微，但也会引起算法参数出乎意料的变化，从而导致算法识别错误。

我们获取到的数据永远是历史数据，利用历史数据对当前的状况做判断只能是预测，如果获取的数据离当前做预测的时间越远，则预测的可靠性越低，就如大家所熟知的天气预报，三天后的天气预报基本不可信。预测本身就已经包含了概率的思想，否则应称为推理。

既然 AI 系统无法做到百分百可靠，我们又该如何弥补 AI 系统的不可靠性呢？又该如何通过努力来提升系统的可靠性概率呢？从系统框架的角度，可以采用如图 3.2 所示的框架来提升系统的可靠性。

为了凸显数据预处理和后处理的重要性，图 3.2 是一个简单化的算法架构图，在核心算法前后增加数据预处理和后处理是所有 AI 系统工程中不可或缺的模块，这种框架可以大幅提升 AI 系统的可靠性。通过数据预处理可以大大降低核心算法处理的复杂性，提升核心算法的泛化能力，数据预处理一般包含数据

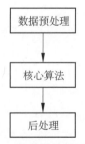

图 3.2　算法设计通用模块

去噪和过滤、数据修正、数据归一化等操作。后处理则利用上下文信息或专家知识对核心算法得到的结果进行可靠性判断和修正，以弥补核心算法的局限性和不足，从而大幅提升 AI 系统的可靠性。数据预处理和后处理方法非常依赖于数据分析的结果，这两个模块基本上是通过实践和分析而不断完善的方法。

3.2 呈高斯分布的数据

图 3.3 展示了数据分布的不同类型，分别对应了不同应用场景，相关理论和知识可以通过网络查询到。在这里我们不对每种分布做详细的分析和描述，而是着重于针对数值型的连续数据（本小节内容除非特别说明，否则都是指数值型连续数据）讨论高斯分布的应用，高斯分布又称正态分布或常态分布，是数据分析过程中最常见的数据分布特征，也是使用最多的数据分布数学理论。

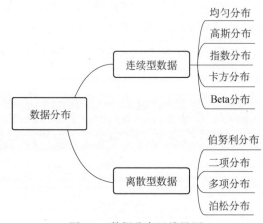

图 3.3 数据分布思维导图

现实中获取的数据往往具有随机性和波动性，但我们总希望处理的数据是相对稳定的，从信息熵的角度可以知道，等概率分布的数据信息熵最高，表明该数据不确定性最大（或系统最混乱），对于这样的数据需要最多的信息来描述，也最不利于算法利用该数据去解决问题。为了提高 AI 系统的可靠性，我们希望得到的数据具有较高的确定性。如果某连续数据是相对稳定的，则该数据一般是呈高斯分布的，而且我们希望该数据的方差越小越好，方差越小表明数据越稳定，对于这样的数据算法处理起来更简单，AI 系统的可靠性也会更高。呈高斯分布的数据，可以通过标准偏差和均值估计某个范围内数据出现的概率，如图 3.4 所示。

图 3.4 是一个呈高斯分布的数据出现概率图，SD 表示西格玛（σ），即标准偏差，从图 3.4 可以看出，σ 越小，则数据越密集，表示数据波动性越小。如果是呈高斯分布的一维数

据，则可以通过如下公式计算某一数据的概率密度。

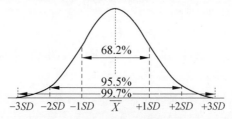

图 3.4　高斯分布中的概率分布

$$p(x) = \frac{1}{\sqrt{2\pi}\sigma}\exp(-\frac{(x-\mu)^2}{2\sigma^2}) \tag{3.1}$$

如果多维数据呈高斯分布，也可以通过如下公式计算某一向量数据的概率密度。

$$p(x \mid \boldsymbol{\mu}, \boldsymbol{\Sigma}) = \frac{1}{(2\pi)^{d/2}\mid\boldsymbol{\Sigma}\mid^{1/2}}\exp(-\frac{1}{2}(x-\boldsymbol{\mu})^T\boldsymbol{\Sigma}^{-1}(x-\boldsymbol{\mu})) \tag{3.2}$$

式（3.2）中，d 表示向量的维度，$\boldsymbol{\mu}$ 表示均值向量，$\boldsymbol{\Sigma}$ 表示协方差矩阵。

其实，上面两个公式在实际数据分析中应用得很少，除非算法采用贝叶斯概率计算方法，大部分情况下是想知道所运用的数据是否合适，以此预估 AI 系统的可靠性。

当然，现实中数据呈绝对的高斯分布是不可能的，只能是近似地估计或近似地采用高斯分布的方法解决数据问题。如何判断一组数据的分布是否呈高斯分布，可以有两种判断方法，一种是画出数据直方图，通过观察判断，另一种是采用数据统计分析的方法，通过多种参数进行量化对比分析。下面通过直方图观察数据分布，如图 3.5 所示。

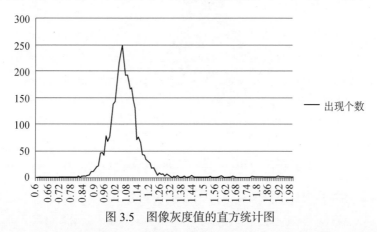

图 3.5　图像灰度值的直方统计图

图 3.5 是通过 Excel 办公软件生成的直方图，可以看出所分析的数据近似符合高斯分布。Excel 是个强大的可视化数据处理工具，当数据量不大时，把数据导入 Excel 中进行处理，可以快速进行数据分析。由于是可视化的工具，所以不需要记忆多种命令语句，可以高效地得到数据分析结果。利用 Excel 办公软件要生成图 3.5 所示的直方图，采用如下这些步骤即可实现。

（1）对数据进行分段，分段数量建议在 100～200 的范围内。若数量太多，则画出来的直方图线条较不平滑；若数量太少，则直方图无法反映数据分布细节。

（2）利用 COUNTIF 函数统计每个数据段的数据个数，编辑好第一个公式后，通过下拉可以生成同一列中的其他所有公式，即通过下拉可得到其他数据段的统计数据。

（3）选择一列统计数据，然后插入折线图，最后通过编辑横坐标数据，把数据段值设为横坐标，这样就可以得到如图 3.5 所示的图形。

除了 Excel 办公软件，也可以利用 Matlab、Python、R 语言等编程工具画出直方图。特别是当数据量很大时，Execl 工具则显得不够高效。如果要画出多维数据的直方图，则只能通过编程工具实现，如图 3.6 所示是一个通过 Python 编程实现的多维直方图。

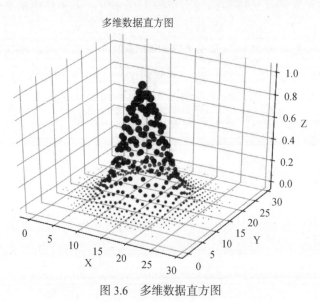

图 3.6　多维数据直方图

以下是通过 Python 编程实现多维直方图的程序实现方法。

```
import numpy as np
import matplotlib.pyplot as plt

# 生成多维数据
data = np.random.randn(1000, 3)  # 生成一个1000行3列的随机数据

# 绘制直方图
plt.hist(data, bins=10, alpha=0.5, label=['Dim 1', 'Dim 2', 'Dim 3'])
plt.xlabel('Value')
plt.ylabel('Frequency')
plt.title('Multi-dimensional Histogram')
plt.legend()
plt.show()
```

还可以通过数据统计分析判断数据是否呈高斯分布，如下四个参数可以用于对数据分布进行量化分析。

☑ 均值（μ）。该参数反映了数据的集中趋势，对于该类型参数要注意的是如果数据不呈高斯分布，则其均值的出现概率（严格来说是概率密度）不一定最大，例如可能存在两个峰值数据，则其均值可能是两个峰值中间位置的数据，而该位置的概率密度甚至可能是最低的。

☑ 方差（σ^2）或标准差（σ）。该参数反映了数据的离散程度，把方差除以均值可以得到离散系数，通过该系数更能够量化反映数据的离散程度，离散系数越大，则数据越分散。

☑ 偏态系数（SK）和峰态系数（K）。这两个参数反映了数据的分布形态，对于未分组数据，偏态系数和峰态系数公式分别如下。

$$SK = \frac{n \sum (x_i - \mu)^3}{(n-1)(n-2)\sigma^3} \tag{3.3}$$

$$K = \frac{n(n+1)\sum(x_i - \mu)^4 - 3[\sum(x_i - \mu)^3]^2 (n-1)}{(n-1)(n-2)(n-3)\sigma^4} \tag{3.4}$$

对于分组数据，偏态系数和峰态系数公式分别如下。

$$SK = \frac{\sum_{i=1}^{k} (M_i - \mu)^3 f_i}{n\sigma^3} \tag{3.5}$$

$$K = \frac{\sum_{i=1}^{k}(M_i - \mu)^4 f_i}{n\sigma^4} - 3 \qquad (3.6)$$

如果数据是呈对称的，则偏态系数为 0，SK 绝对值越大，则数据形态越偏，对于呈高斯分布的数据，其 SK 绝对值接近 0。K 越大，则数据分布形态越呈尖峰形态，K 为 0 时，数据分布呈高斯分布，K 小于 0 时，数据分布呈扁平分布，K 大于 0 时，数据分布呈尖峰分布。

采用量化的方法分析数据的分布，便于客观分析和比较数据的分布形式，减少主观判断的错误，更利于自动化分析数据的分布形式，实现数据的自动化分析和处理。

3.3　高斯分布与聚类分析

聚类分析是一种无监督学习的算法，该算法通过分析数据的空间分布形态，把相对较聚集的数据自动划分为某一类，至于这是属于哪一类，聚类分析则无能为力。聚类分析一般采用 k-mean 算法对数据进行分类，但是数据能否用聚类分析算法进行分类，k-mean 算法无法给出答案。如果数据在空间中是等概率均匀分布的，则聚类分析将得到一个不稳定的分类结果；如果在某个局部区域内数据呈密集状态分布，则通过聚类分析能得到较好的效果。能够进行聚类分析的数据，其数据局部分布形态也应该是类似于高斯分布，所以可以通过分析聚类分析结果中的每一个类别数据的高斯分布形态，以此判断聚类分析的效果。如果方差越大，则说明分类得到的数据集被误识的可能性越大。其实，K-mean 算法是在迭代寻找多个均值，这个均值也可以认为是高斯分布的中心位置，所以聚类分析算法也可以认为是寻找呈高斯分布的数据块，然后把该数据块分离出来形成一个类别。聚类分析的最佳结果是类内方差最小化和类间方差最大化，其中类内方差最小化是指属于同一类别的数据的方差最小，而类间方差最大化是指不同类别之间的数据的方差最大。

虽然现在采用卷积神经网络（CNN）的图像识别技术已不需要对图像做二值化，但在图像背景较易分离的图像识别场景中图像二值化算法仍有大量的应用，如编码识别、工业品瑕疵检测、文字识别等，如图 3.7 所示是一个由灰度化的条码图像转化为二值图像的过程（条码识别可以不用对图像进行二值化，但图像如果易于二值化，则二值化后的图像识别成功率会更高）。

图 3.7　图像二值化效果图

把图像二值化后，图像中空白位置的像素值为 0，黑色的位置为 1，在有些算法中可能会把这两个值颠倒表示，即 0 为黑色，1 为白色。如果是灰度值表示方法，则黑色像素值为 0，白色像素值为 255。不管用哪种方法表示，二值化图像中每个像素点的数据值只有两种，这样就可以较容易分离需要识别的图像信息，可以大大简化后续的算法处理过程。

图像二值化算法分为全局阈值和局部阈值两类，如果图像较为清晰且纹理边界分明，则采用全局阈值可以快速得到较好的二值化图像，否则就需要考虑采用局部阈值。全局阈值较多采用大津算法（OTSU）寻找用于分类像素点的阈值，这是个非常经典的算法，是由日本学者大津于 1979 年提出的，该算法通过对灰度图像进行直方图统计，然后遍历每个灰度值，寻找可以产生最大类间方差和最小类内方差的灰度值，这个灰度值便是对灰度值进行分类的全局阈值，大于该灰度值为白色，小于该灰度值为黑色。如图 3.8 中右侧小窗口显示的直方图。

从图 3.8 中可以看出对灰度图像的像素值进行直方图统计后会得到带两个峰值的统计图（大部分的图像会有两个峰值以上的复杂统计图，这里我们先讨论较为简单的双峰值情况），左侧的峰值是灰度值较小的像素点，可以分类为黑色，右侧的峰值是灰度值较大的像素点，可以分类为白色。从这两个峰值向中间延伸，寻找一个最佳的点，使得这个点的左侧和右侧的点集符合这样的条件：同侧的点之间方差最小，分属不同两侧的点之间方差最大。

图 3.8　图像灰度值直方图统计

观察图 3.8 中的直方图曲线，虽然曲线中的两侧波峰形状与高斯分布的标准图像存在不小的差别（图 3.8 中每个波峰不够对称，波峰的左侧还存在一个较小的尖峰），但是可以近似地认为这样的直方图是两个呈高斯分布的数据集展现，其分别有两个均值和方差，通过这两组参数可以估计像素点被分类错误的概率。

图像二值化可以认为是一个无监督的学习过程，也是一个聚类算法的应用。二值化过程中生成的直方图是一个图像灰度值的分布，通过对该分布形态的聚类分析得到两个不同类别的像素点集。其中，因灰度值是一个聚集形态的分布，所以可以在直方图中看到多个呈高斯分布并重叠在一起的数据集。此外，我们可以利用高斯分布的数学统计工具对图像数据做更深入的应用，如图像纹理分析、图像模糊判断、图像去噪等。

从图像二值化的实践中我们可以总结出，呈高斯分布且方差较小的数据较有利于采用聚类分析算法进行无监督学习，判断聚类分析效果的好坏可以采用类内方差和类间方差的大小进行评判，如果类内方差越小和类间方差越大，则聚类分析效果越好。

以下是利用 Python 语言实现图像二值化的方法，通过阅读下面的代码可以更容易理解 OTSU 算法的实现原理。

```python
import cv2
import numpy as np

def calculate_variance(hist, threshold):
    w1 = sum(hist[:threshold])
    w2 = sum(hist[threshold:])
    m1 = sum([i * hist[i] for i in range(0, threshold)]) / w1 if w1 > 0 else 0
    m2 = sum([i * hist[i] for i in range(threshold, len(hist))]) / w2 if w2 > 0 else 0
    return w1 * w2 * (m1 - m2) ** 2

def otsu_threshold(image):
    hist = cv2.calcHist([image], [0], None, [256], [0,256])
    hist = [h[0] for h in hist]
    variances = [calculate_variance(hist, t) for t in range(256)]
    return variances.index(max(variances))

# 读取图像
image = cv2.imread('input.jpg', cv2.IMREAD_GRAYSCALE)
```

```
# 使用OTSU方法计算阈值
threshold = otsu_threshold(image)

# 使用阈值进行二值化
_, binary_image = cv2.threshold(image, threshold, 255, cv2.THRESH_BINARY)

# 显示二值化图像
cv2.imshow('Binary Image', binary_image)

# 等待用户关闭窗口
cv2.waitKey(0)
cv2.destroyAllWindows()
```

3.4　分析数据间的关系——相关性分析

不同维度的数据之间存在着一定的相关性，通过数据的相关性可以发现意想不到的结论，这里我们先看一个工业上数据相关性分析的应用——轧辊检修数据统计分析。

大型炼钢厂在冶炼钢铁后还要对钢铁进行轧制，以得到不同形态的钢铁成品，轧机上有个非常重要的设备——轧辊，如图 3.9 所示。冶炼的钢铁铸块是在轧辊中进行挤压和拉伸，在这个过程中轧辊会被高温的钢铁腐蚀和氧化，从而导致轧辊磨损和变形，所以轧辊是一个经常需要更换的部件，其使用寿命长则一年，短则两三个月，如何提升轧辊使用寿命是每个钢铁厂都要解决的难题。

根据某轧钢厂在轧辊维护过程中的磨削履历数据，从轧辊型号维度进行分析，统计每种型号的磨削次数，并结合每个型号的使用时间，可以得到如表 3.1 所示的数据。

图 3.9　拆卸下来需要检修的轧辊

表3.1　轧辊维护数据

型号	磨削次数/次	使用时间/月
A0001	13	16
A0002	10	12
A0003	9	9
A0004	9	12
A0005	6	10
A0006	5	6
A0007	9	14
A0008	7	9
A0009	13	12
A0010	10	9
A0011	8	5
A0012	8	12
A0013	12	15
A0014	15	14
A0015	7	11
A0016	5	6
A0017	11	11
A0018	6	7
A0019	12	10
A0020	12	13
A0021	5	3

比较磨削次数和使用时间，可以得到如图 3.10 所示的统计图。

从图 3.10 中可以发现，磨削次数和使用时间（即轧辊寿命）呈正相关，磨削次数越多，则使用寿命越长。所以如果要延长轧辊的使用寿命，需要及时对轧辊进行磨削，以保持轧辊的光滑，减少轧辊的磨损。

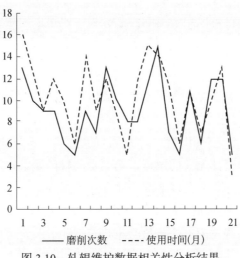

图 3.10　轧辊维护数据相关性分析结果

在数据关系分析中，数据的相关性分析是最为主要的分析，通过相关性分析可以知道某个事件产生的原因，从而得到解决问题的方法和对策。数据的相关性大小可以通过公式进行定量分析和判断，有三种相关性系数，即皮尔森（Person）相关性系数、斯皮尔曼（Spearman）相关性系数、肯德尔（Kendall）相关性系数。这里我们只讨论 AI 算法研发过程中最常用的皮尔森相关性系数，它的计算公式也有多种形式，最易理解和最简洁的公式是

$$\rho_{X,Y} = \frac{\sum(X - \bar{X})(Y - \bar{Y})}{\sqrt{\sum(X - \bar{X})^2 \sum(Y - \bar{Y})^2}} \tag{3.7}$$

由式（3.7）计算得到的相关性系数是一个[-1,1]范围内的数，相关性系数绝对值越接近 1，则表明相关性越大；反之，则相关性越小。相关性系数大于 0 时，表示正相关，小于 0 时，表示负相关。

应用皮尔森相关性计算公式时，要注意相比较的每组数据的方差不为 0，且数据必须符合以下三个条件。

☑ 两组相比较的数据之间是线性关系，且都是连续型数据。

☑ 每组的数据分布总体呈高斯分布。实际情况不需要这么严格，只要是近似高斯分布的单峰形态即可。

☑ 两组相比较的数据的观测值是成对的，且每对观测值之间相互独立，即不存在上下文关系，如两篇文章的关系，则不适合采用皮尔森公式来计算相关性。

数据的相关性分析不仅可以用于影响因素分析，也可以用于对高维数据的降维，假如有如下形式的算法模型。

$$[X_1, X_2, X_3, \cdots, X_n] \rightarrow Y$$

其中 X_i 为特征数据，Y 是评价数据或类别数据，可以采用以下方法进行降维。

☑ 若 X_i 与 Y 的相关性很小，则可以把该维度数据去掉。

☑ 若 X_i 与其他某个 X_j 之间相关性很大，则可以把其中一个维度的数据（X_i 或 X_j）去掉。

上面第一点的目的是去掉无关的数据，第二点的目的是去掉冗余的数据，这也许是最简单的数据降维方法。该方法存在以下两个问题。

☑ 对于维度很大的高维数据，计算出来的相关性系数都会是很小的数（基本上都小于 0.1），这种情况下很难对某个维度数据进行取舍。

☑ 若样本数据不足或不充分，很容易去掉需要考虑进去的数据。

其实，上面所提的两个问题也是其他降维算法存在的问题。

3.5 数据频域分析——如何理解傅里叶变换

对连续型数据可以从频域上进行分析，如图 3.11 所示的傅里叶变换应用。频域分析主要有两种方法，即傅里叶变换和小波分析，但一看到如下傅里叶变换公式，很多人都会陷入无法理解的窘境。

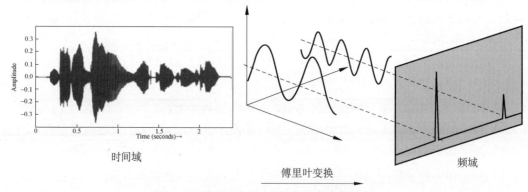

图 3.11 傅里叶变换应用于语音数据的分析

$$F(\omega) = \int_{-\infty}^{\infty} f(x) \mathrm{e}^{-\mathrm{i}\omega x} \mathrm{d}x \qquad (3.8)$$

如果无法理解傅里叶变换，则更无法理解小波分析。傅里叶变换在信号处理中是必备的数学工具，如对声波数据进行傅里叶变换，可以得到声波的主要频率波成分，从而可以分析声波的特征，甚至可以对声波中的噪声进行过滤，这些在语音识别技术中是不可或缺的数据处理模块。如果能够理解傅里叶变换原理，则对于频域上的数据处理和分析有很大的帮助。

对于傅里叶变换的解释，Steven W. Smith 在他的 *Digital Signal Processing* 一书中有非常详尽且通俗易懂的讲解，该书用了七章由浅入深地介绍傅里叶变换的方法和数学原理，这里我们利用该书的内容来理解傅里叶变换的数学原理，以期能够更好地利用傅里叶变换的方法。

要理解傅里叶变换的数学原理，需要从如下两个方面进行理解和掌握。

☑ 卷积。傅里叶变换是一个卷积的过程。

☑ 复数。为什么傅里叶变换采用复数的形式来表达？

3.5.1　卷积

如果你熟悉 CNN（卷积神经网络）算法，并利用其进行图像识别，则会知道卷积的作用和意义。在 CNN 算法中通过卷积核对输入的图像进行处理，过滤图像的特征信息，然后在神经网络中对特征信息进行逐层抽象，最后得以识别图像。在这个过程中利用卷积的方法实现了对图像信息的转化和过滤，这是一个二维数据的卷积过程，会稍复杂，下面我们主要讨论一维数据的卷积，以简化问题分析的复杂度。

从算法实现的角度（针对离散数据），卷积的过程其实就是一对一两组数据相乘后求和的过程，如下式。

$$\mathrm{cov}(t) = \sum_{i=0}^{n} x_i y_i \qquad (3.9)$$

如果是积分的数学形式，则

$$\mathrm{cov}(t) = \int_{-\infty}^{\infty} f(t-x)g(x)\mathrm{d}x \qquad (3.10)$$

卷积有这样的一个性质，如果不同的卷积核之间呈正交关系，则不同的卷积结果数据表示被卷积的数据与卷积核的相关性大小，卷积结果绝对值越大，则相关性越大，即包含该卷积核的成分越大。傅里叶变换的数学原理便是利用了这样的性质。

1807 年，法国数学家和物理学家傅里叶在法国科学学会上发表了一篇论文。在该论文中，他运用正弦曲线描述温度分布，并提出了一个论断：任何连续周期信号都可以由一组适当的正弦曲线组合而成。虽然这个论断不是完全正确的，例如对于带棱角的非平滑曲线无法用正弦曲线组合，但是可以通过这样的方式非常近似地表示。

为什么傅里叶选择正弦曲线呢？有以下两点原因。

☑ 正弦曲线具有保真度。一个正弦曲线信号输入后，输出的仍是正弦曲线，只有幅度和相位可能发生变化，但是频率和波的形状仍是一样的，并且只有正弦曲线才拥有这样的性质。

☑ 不同频率的正弦函数呈正交关系，有如下的数学性质。

$$\int_{-\pi}^{\pi} \sin(kx) \cdot \sin(nx)\mathrm{d}x = 0 \quad (k, n = 1, 2, 3, \cdots; k \neq n) \tag{3.11}$$

这个数学性质非常重要，意味着任何两个不同频率的正弦曲线都是不相关的曲线，就像笛卡尔坐标中的 X 轴和 Y 轴，二维坐标中任何一个点都可以用 (X, Y) 来表示，而不同频率的正弦函数就像 X 轴、Y 轴、Z 轴……任何带周期性且光滑连续的曲线都可以用 $(A_1\sin B_1, A_2\sin B_2, A_3\sin B_3, \cdots)$ 来表示。

注意，这里为什么不提余弦曲线呢？因为只要把正弦曲线向左或向右偏移 $\pi/2$ 便是余弦曲线，这两种曲线的性质是一样的，只是位置不同而已，所以这里所说的正弦也包含了余弦曲线。

正因为有了上面第二点这样的性质，我们就可以用卷积的方法进行过滤，如图 3.12 所示。分别利用 9 个不同频率但振幅一样的正余弦函数（或称信号）与需要被分析的曲线（或称信号）进行卷积，便可以分别得到 9 个不同频率且振幅不一样的正余弦曲线。

图 3.12 是一个离散信号的分解，通过传感器得到的模拟信号要经过模数转换器生成数字信号，这样才能被计算机处理，数字信号是模数转换器通过采样的方法得到的结果，所以在计算机中处理的数据都是离散数据，而非连续数据，但数学原理还是一致的。

这里有一个问题，图 3.12 中左侧的信号并不是周期性的信号，而傅里叶变换处理的是周期性的信号，这样该怎么办呢？解决的方法很简单，可以把信号用复制的方法进行延伸，这样信号就变成了周期性离散信号，这时我们就可以用离散傅里叶变换方法进行变换。

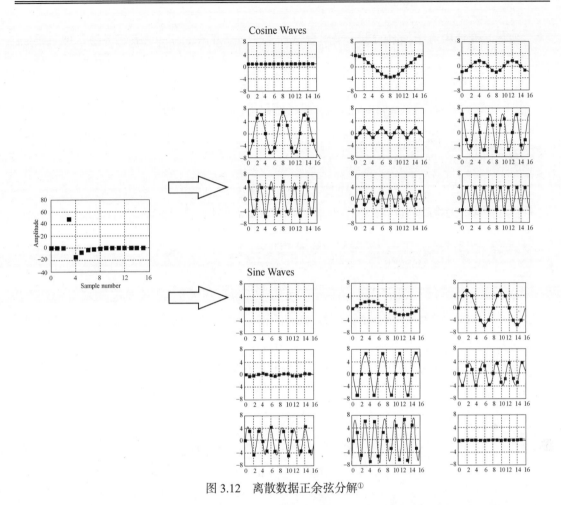

图 3.12　离散数据正余弦分解[①]

还有一个问题，频率的数量可以有无穷多个，如果每种频率都做卷积，则是不现实的，如何界定需要做卷积的频率范围呢？对于离散信号，一个一维信号是由 N 个点组成的，在最坏的情况下最多有 $N/2+1$ 种频率（一个完整的周期信号至少需要两个点来表示，当然，前提是对信号的采样频率必须大于曲线所包含的正余弦信号的最大频率，这里还需考虑频率为 0 的信号，所以频率的范围是[0,$N/2$]），即根据信号的长度可以确定需要卷积的频率范围。如果利用复数的方法来分解信号，则需要在 N 种频率范围内分析，因为增加了为负数的 $N/2$ 个频率。

① Smith S W. The scientist and engineer's guide to digital signal processing [M/OL]. Californin Technical Pub, 1997: 156 [2008-02-13]. http://www.dspguide.com/pdfbook.htm.

　　傅里叶变换中对于频率的表示采用自然频率（natural frequency）表示方法，把 f 乘 2π 得到弧度值，如下式。

$$\cos(\omega) = \cos(2\pi f) = \cos(2\pi k/N),\ 0 < k \leqslant N/2$$
$$\sin(\omega) = \sin(2\pi f) = \sin(2\pi k/N),\ 0 < k \leqslant N/2$$

　　当 k 为 2 时，表示在 $0 \sim N$ 长度中（表示为一个信号的采样时间可能更易理解）存在两个完整的周期，10 即有 10 个周期，如下式。

$$\omega = (2\pi k/N) \cdot i, \quad 0 < i \leqslant N。$$

　　理解了频率表示方法后，对于下面两个实数域的傅里叶变换方法表达式就好理解了。

$$\mathrm{Re}\,X[k] = \sum_{i=0}^{N-1} x[i]\cos\left(\frac{2\pi ki}{N}\right) \tag{3.12}$$

$$\mathrm{Im}\,X[k] = -\sum_{i=0}^{N-1} x[i]\sin\left(\frac{2\pi ki}{N}\right) \tag{3.13}$$

　　从式（3.12）和式（3.13）可以很容易看出原始信号 $x[i]$ 分别与不同频率（k）的正余弦函数进行卷积，卷积结果存储到 $\mathrm{Re}X[k]$ 和 $\mathrm{Im}X[k]$ 两个数组中，数组中每个单元表示原始信号与某个频率的正余弦波的相关性大小（正余弦波振幅大小）。如果画成直方图，就可以得到如图 3.13 所示的频谱图。

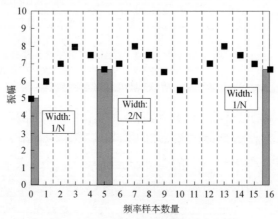

图 3.13　傅里叶变换后得到的频谱图[①]

① Smith S W. The scientist and engineer's guide to digital signal processing [M/OL]. California Technical Pub, 1997: 156 [2008-02-13]. http://www.dspguide.com/pdfbook.htm.

图 3.13 中，横坐标表示频率大小，纵坐标表示振幅大小，原始信号长度为 N（这里是 32），经离散傅里叶变换后得到了 17 个频率的频谱，这是卷积结果的形象展示。需要注意的是，不要把频谱图看成另一个曲线图，频谱中的每个点表示原始信号中包含某个频率的正/余弦曲线的振幅大小（即相关性大小）。

这里 $\mathrm{Im}X[k]$ 取负数，是为了在形式上与复数的傅里叶变换方法保持一致，并无特别的意义，在反向合成原始信号时会把 $\mathrm{Im}X[k]$ 值取反，这样就可以和正的正弦曲线做合成。

3.5.2　复数

在 3.5.1 小节中，我们知道傅里叶变换与正余弦函数有关，可是在傅里叶变换的公式中却看不到正余弦函数，这是为什么呢？这里我们首先要认识一个等式——欧拉等式。

$$\mathrm{e}^{\mathrm{j}x} = \cos x + \mathrm{j}\sin x \tag{3.14}$$

看到式（3.14）后很快便会让人明白为什么，它利用自然数非常简洁地把正余弦函数结合起来，运用泰勒展开式可以很容易证明该公式。

$$\mathrm{e}^{\mathrm{j}x} = \sum_{n=0}^{\infty} \frac{(\mathrm{j}x)^n}{n!} = \left[\sum_{k=0}^{\infty}(-1)^k \frac{x^{2k}}{(2k)!}\right] + \mathrm{j}\left[\sum_{k=0}^{\infty}(-1)^k \frac{x^{2k+1}}{(2k+1)!}\right] \tag{3.15}$$

上面右式中方括号内的复杂式子分别是正余弦函数的泰勒展开式。

欧拉等式中的 j 是复数的符号，我们难以想象复数中虚数的意义，其实没有必要去深究虚数的实际意义，它其实就是一个连接符号，是一个可以运算的连接符号，如 $\mathrm{j}^2 = -1$，它把正余弦函数的两种表达式结合成了一种表达式，使得傅里叶变换的表达式变得非常简洁，计算起来也非常方便，体现了"数学之美"。

利用欧拉等式把正余弦函数表示成复数的形式，结果如下式。

$$\cos(x) = \frac{1}{2}\mathrm{e}^{\mathrm{j}(-x)} + \frac{1}{2}\mathrm{e}^{\mathrm{j}x} \tag{3.16}$$

$$\sin(x) = \mathrm{j}\left(\frac{1}{2}\mathrm{e}^{\mathrm{j}(-x)} - \frac{1}{2}\mathrm{e}^{\mathrm{j}x}\right) \tag{3.17}$$

从这个等式可以看出，如果把正余弦函数表示成复数后，它们变成了由正负频率组成的正余弦波。相反地，一个由正负频率组成的正余弦波，也可以通过复数的形式来表示。所以，把正余弦函数转换成复数形式后，还要计算负频率的正余弦波。

正余弦函数是正交函数，可以肯定的是正余弦函数变为复数形式后仍然为正交函数，所以把原始信号与复数形式的正余弦函数进行卷积则可以得到不同频率的相关性大小，这里我们把原始信号 $x[n]$ 与复数 $\cos(2\pi k/N) - j\sin(2\pi k/N)$ 进行卷积。

上式中的虚数部分为什么要取负号，这是因为在逆向傅里叶变换过程中，正弦函数在虚数中变换后得到的是负的正弦函数，这里再加上一个负号，使得最后还原为正的正弦函数。通过与上面式子的卷积，就可以得到下式。

$$X[k] = \frac{1}{N}\sum_{n=0}^{N-1} x[n]\left(\cos\left(\frac{2\pi kn}{N}\right) - j\sin\left(\frac{2\pi kn}{N}\right)\right) \tag{3.18}$$

再把式（3.18）转成自然指数的形式，就可以得到如下复数形式的傅里叶变换公式。

$$X[k] = \frac{1}{N}\sum_{n=0}^{N-1} x[n]e^{-j2\pi kn/N} \tag{3.19}$$

式（3.19）是离散数据的傅里叶变换，这里的 $X[k]$ 是一个复数的数组，k 的取值范围是 $0\sim N-1$（也可以表达成 $0\sim 2\pi$），其中 $0\sim N/2$（或 $0\sim\pi$）是正频部分，$N/2\sim N-1$（$\pi\sim 2\pi$）是负频部分，由于正余弦函数的对称性，所以把$-\pi\sim 0$ 表示成 $\pi\sim 2\pi$，这是出于计算上方便的考虑。

上面两式的右边多了一个 $1/N$，这是为什么呢？$X[k]$ 是频率为 k 时正余弦波的振幅，在利用 $X[k]$ 反向合成原始信号时，需要把卷积的结果除以 N 后再进行合成才可以正确得到原始信号，这样处理的原因可以通过一个密度的例子得到较为形象的理解。

假设有一个混合物，含有同体积但密度不相同的物质 A、B、C、D、E，它们的密度分别为 10kg/m^3、15kg/m^3、25kg/m^3、35kg/m^3、50kg/m^3，则该混合物的密度是 $10\times 1/5 + 15\times 1/5 + 25\times 1/5 + 35\times 1/5 + 50\times 1/5 = 27\ \text{kg/m}^3$。

如果把原始信号当成是由不同正余弦波组成的混合物，把原始信号中每个点的值 $x[n]$ 当成在该点处的密度，$X[k]$ 为不同频率正余弦波的密度，则需要把 $X[k]$ 除以 k 的个数（N）后才能进行信号的叠加。

至此，我们基本可以理解傅里叶变换的数学原理了。

如图 3.11 所示的傅里叶变换应用过程，傅里叶变换在语音数据处理中的应用非常广泛，包括语音识别、语音合成、语音增强、语音编码等。通过在频域上分析和处理语音信号，可以提取有用的频谱特征，并实现对语音信号的各种操作和改进。

需要注意的是，傅里叶变换是一个对全局数据统计分析的过程，得到的是全局特征，无法反映局部特征。若需要提取局部特征，则需要应用小波分析的方法。小波分析可以提供信号的时频局部化信息，对于非平稳信号具有较好的适应性。小波分析与傅里叶变换在数学原理上是相似的，小波分析采用的卷积函数（小波基函数）是能够增强或凸显局部特征的函数，如图 3.14 所示的各种小波基图像，其中的 Haar 小波是最简单的小波基函数之一，它是一个阶跃函数和一个反阶跃函数的线性组合，Haar 小波在时间上具有尖锐的跳跃特性，适用于对信号的边缘和跳跃变化进行分析。小波基函数是一组具有局部化特性的函数，可以在时间和频率上进行调整，以适应信号的不同特征。

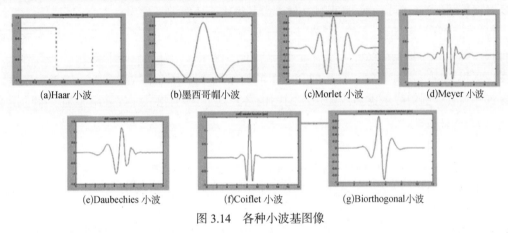

(a)Haar 小波　　(b)墨西哥帽小波　　(c)Morlet 小波　　(d)Meyer 小波

(e)Daubechies 小波　　(f)Coiflet 小波　　(g)Biorthogonal 小波

图 3.14　各种小波基图像

3.6　图像数据分析

图像数据分析是计算机视觉算法设计过程中的一个必要环节，它决定了数据预处理的方法，也决定了采用哪种算法模型更合适，这是降低算法设计风险的必要手段。

3.6.1　分析图像数据的格式

图像数据的格式包括 BMP、JPG、HEIC、PNG、TIF、GIF 等，BMP 是非压缩的图像数据，而其他格式几乎都是压缩的图像数据，需要解压后才可以对图像数据进行处理。在特殊领域甚至还有很多私有图像格式，如医疗领域的病理图像是通过专有设备进行采集得到的图像，其图像格式因设备的不同而产生不同的图像格式，并且大部分都不是开源的图像格式，需要专用工具才可以读取和转换图像数据。

如果是视频图像，则需要利用视频处理工具分解得到每帧的图像才可以进行图像处理，但不需要对每帧的图像进行分析，每秒 10 帧以上的图像在大部分场景下相邻图像差别不大（对于高速运动物体的图像这会是例外，如拍摄高速路上小车的视频图像，则相邻帧之间的图像差别可能会很大），分解出来的每一帧图像需要进行人工或算法选择有利于分析的图像，因为其中有些图像可能较模糊或目标图像不完整。视频图像的格式也很多，关键是找到合适的工具对视频图像进行解压，而且视频文件一般都很大，还需要考虑缓存大小的问题。

对于压缩格式的图像，需要注意是否为有损压缩，现在的图像都很大，一般都需要进行有损压缩，以降低文件大小，如果把处理后的图像保存为有损压缩的格式，下次对保存的图像再用相同方法处理时，很可能会有不同的结果，因为图像数据变了，如果想保持图像数据一致性，则需要考虑采用无压缩的图像格式，如 BMP 格式，或采用无损压缩的图像格式，如 PNG 格式。

如果是彩色图像，还需要确定彩色模式是 RGB 模式，还是 YUV 模式或 HSV 模式，虽然它们都采用三维数据来表示彩色信息，但表示的意义是不一样的。

RGB 模式为红色、绿色、蓝色三通道数据，这与人类对颜色的感知相对应。人眼对颜色的感知是通过三种不同类型的视锥细胞（红、绿、蓝）的相互作用来实现的，这三种视锥细胞对应于人眼对红、绿、蓝三种基本颜色的感知。通过调整每个通道的强度，可以产生各种颜色，RGB 格式直观地表示了颜色的三个基本属性。

YUV 模式较不常见，也称 YCbCr，是一种亮度和色度分离的色彩空间，其三个通道的表示意义较复杂。Y 为亮度，但还含有较多的绿色通道信号量，这是因为人眼对绿色的感知更加敏感。为了更好地保留图像的感知质量，一部分绿色通道的信息被包含在了亮度通道中。U 为蓝色通道与亮度的差。V 为红色通道与亮度的差。人眼对亮度较敏感，而对色度的变化较不敏感，因此，减少部分 UV 的信号量，人眼很难感知到变化，这样可以通过压缩 UV 的分辨率，在不影响观感的前提下，减小视频大小，从而可以更大程度地压缩视频数据。YUV 模式的产生有其历史原因，早期的黑白电视只有亮度信号（Y），彩色电视出现时，为兼容黑白电视，于是在 Y 信号的基础上增加 UV 两个信号。与 RGB 视频信号传输相比，YUV 视频信号最大的优点是只需要占用极少的频宽，这也是当前视频监控的图像数据大都是采用 YUV 模式的原因。

HSV 模式为色相、饱和度、明度三通道数据，更符合人类对颜色的感知。色相表示颜色的种类，饱和度表示颜色的纯度，明度表示颜色的亮度。相比 RGB 格式，HSV 格式更直观地描述了颜色的属性，使得图像处理算法更容易理解和操作颜色信息。

大部分情况下我们得到的图像是 RGB 模式的彩色图像，它们之间是可以相互转换的，如果要做彩色成分分析或过滤特定颜色，把 RGB 模式转换为 HSV 模式是个不错的选择，如下是 RGB 图像数据转为 HSV 图像数据的公式。

$$H_1 = \cos^{-1}\left\{\frac{0.5[R-G+(R-B)]}{\sqrt{(R-G)^2+(R-B)(G-B)}}\right\} \tag{3.20}$$

$$H = \begin{cases} H_1 & B \leqslant G \\ 360° - H_1 & B > G \end{cases} \tag{3.21}$$

$$S = \frac{\max(R,G,B) - \min(R,G,B)}{\max(R,G,B)} \tag{3.22}$$

$$V = \frac{\max(R,G,B)}{255} \tag{3.23}$$

如果是采用 OpenCV 库中的方法进行 HSV 数据转换，需要注意的是，OpenCV 对上面各式计算得到的数据还做了如下的调整。

$$\begin{cases} H = \dfrac{H_0}{2} & H_1 \in [0,180] \\ S = 255S_0 & S_1 \in [0,255] \\ V = 255V_0 & V_1 \in [0,255] \end{cases} \tag{3.24}$$

要把 HSV 数据转换回 RGB 数据，这个方法有点复杂，所用计算公式如下。

$$C = S \tag{3.25}$$

$$H' = \frac{H}{60} \tag{3.26}$$

$$X = C(1 - |(H' \bmod 2) - 1|) \tag{3.27}$$

$$(R,G,B) = (V-C)(1,1,1) + \begin{cases} (C,X,0) & (0 \leqslant H' < 1) \\ (X,C,0) & (1 \leqslant H' < 2) \\ (0,C,X) & (2 \leqslant H' < 3) \\ (0,X,C) & (3 \leqslant H' < 4) \\ (X,0,C) & (4 \leqslant H' < 5) \\ (C,0,X) & (5 \leqslant H' < 6) \end{cases} \tag{3.28}$$

YUV 模式能够很容易分离出红蓝色信息，如果要识别或处理红蓝色的物体时，使用 YUV 模式是个较好的选择，RGB 数据与 YUV 数据相互转换的方法如下。

$$
\begin{bmatrix} Y \\ U \\ V \end{bmatrix} = \begin{bmatrix} 0.299 & 0.587 & 0.114 \\ -0.169 & -0.332 & 0.500 \\ 0.500 & -0.419 & -0.081 \end{bmatrix} \begin{bmatrix} R \\ G \\ B \end{bmatrix} \tag{3.29}
$$

$$
\begin{bmatrix} R \\ G \\ B \end{bmatrix} = \begin{bmatrix} 1 & 0 & 1.140 \\ 1 & -0.395 & -0.581 \\ 1 & s & 0 \end{bmatrix} \begin{bmatrix} Y \\ U \\ V \end{bmatrix} \tag{3.30}
$$

这里通过一个例子来说明分离红色图像的方法。对于彩色图像，由于应用需要，我们可能经常需要对某一颜色的图像进行分离，以简化后续的算法处理方法，如对于经过老师批改后的学生作业，可以利用老师批改符号是红色的特点，把批改符号分离出来，这样可以减少无关信息的干扰，如图 3.15 是一张被批改的作业图像。

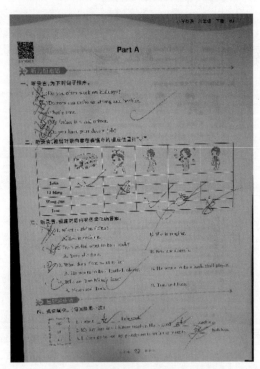

图 3.15　经批改后的学生作业图像

彩色图像每个像素点的数据由 RGB 三色组成，于是尝试通过三色分离得到图像，
CxImage 图像处理工具有三色分离功能，可以得到如图 3.16 所示的分离效果。

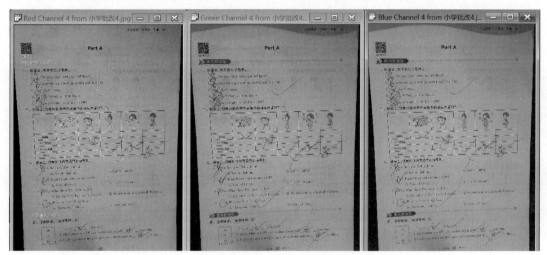

图 3.16   CxImage 三色分离效果（从左往右分别是红色、绿色、蓝色）

看到图 3.16 所展示的效果，会让人大失所望，黑色的文字信息在红色分量的图像中没
有去掉，这是因为有些像素点虽然不是红色，但是并不意味着红色分量的值为 0，所以需要
对红色像素点进行识别后再区分。

通过观察各种颜色像素点的 RGB 三个分量的值，可以发现如下规律。

☑ 当像素点颜色为灰色时，RGB 三个分量的值非常相近，即三个值越相近，像素点为
红色的概率越小。

☑ 当像素点颜色为红色时，R 分量的值明显大于其他两个分量（G，B）的值，即当 R
分量越大于其他两个分量时，像素点为红色的概率越大。

☑ 当像素点 RGB 三个分量的值都很小时，该像素为偏黑色，难以区分像素的颜色，
即当 RGB 三个分量的值越小时，像素点为红色的概率越小。

有了上面三个规律，再结合具体的数据观察，便可以得到如下非常简单的红色图像抽
取方法。

```
#define EXTRACT_RED_THRESHOLD 10
    ......
    for(y = 0; y < height; y++)
```

```
        for(x = 0; x < width; x++)
        {
            int r = image->imgData[y][x*3+2];
            int g = image->imgData[y][x*3+1];
            int b = image->imgData[y][x*3];

            if(r <= g && r <= b)
                imgResult->imgData[y][x] = 0;//把图像像素点标记为非红色
        else if(r >= g + EXTRACT_RED_THRESHOLD && r >= b +
EXTRACT_RED_THRESHOLD && r > 100 && g - b < 50)
                imgResult->imgData[y][x] = 1; //把图像像素点标记为红色
            else
                imgResult->imgData[y][x] = 2; //把图像像素点标记为淡红色

        }
```

程序运行效果如图 3.17 所示。

图 3.17　红色图像抽取效果（二值图像）

从图 3.17 可以看出，基本清除了文字信息，批改符号被凸显出来。

还有一种方法是把图像转为 YUV 格式，图 3.18 中的右边是通过 CxImage 窗口中的图像分离功能直接得到 V 分量的灰度图像（在图像中用鼠标右击，在弹出的菜单中选择 YUV 分离方法），图像中亮度越亮表示红色的概率越大。

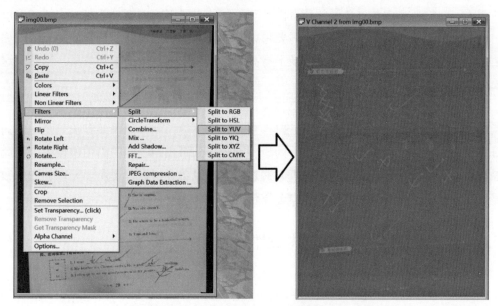

图 3.18　转换为 YUV 格式后分离得到的红色图像

3.6.2　分析图像数据来源

图像数据的来源可以根据不同的图像数据采集设备来分类，如手机拍照、显微成像、工业摄像机、高拍仪、视频监控、扫描仪等，不同设备得到的图像具有不同的特点，如显微成像得到的图像都会很大，在医疗上得到的病理图像大小可以达到 100 000×100 000 像素以上，压缩后的图像也有 1GB 以上，如果把图像解压后放入内存中进行处理，则需要 220GB 以上的内存，因此需要采用图像分块读取技术进行图像数据处理。

有些图像识别场景有多种图像数据来源，在进行图像训练时需要对每一种图像数据来源进行分别训练或综合训练，如果条件允许（图像识别前可以得到图像数据的来源信息），则进行分别训练得到不同图像识别模型，这样可以提升识别准确率。

3.6.3 分析图像数据的生成场景

图像数据的生成场景有运动抓拍、静止拍照、室外开放环境、室内稳定环境、封闭环境等，不同的场景下生成的图像数据有不同的制约因素。如室外开放环境，如果不限定环境的范围，则需要考虑各种各样的背景图像和不同的光线影响因素。而在封闭的环境里，如在一个盒子里采集到的图像，则不需要考虑不同的光线影响，但因有补光的光源，如果被拍照物体表面较光滑，可能导致图像上有亮点，从而影响图像的识别效果，当然，这是在拍照技术上可以解决的问题。

图像生成场景跟图像采集设备息息相关，不同场景有不同的图像采集设备。如对于运动抓拍，可能需要高帧率的工业相机，对于室外开放环境，则可能需要有长焦距功能的监控摄像设备，在室内环境中用于拍证件的设备则会用到短焦距功能的高拍仪设备。因此，所以也可以把场景和设备合并起来分析，通过场景和设备分析以发现所要处理的图像数据的复杂度，有利于在图像预处理模块中选择合适的图像处理算法。

3.6.4 结合图像识别需求分析图像数据的特点

在明白了图像生成场景后就容易预见图像的特点。对于位置较固定的道路监控抓拍设备，容易分离欲识别对象（行人或汽车）。在工业生产中，对于传送带上的物品抓拍图像，欲识别的对象（如条码）可能存在倾斜甚至倒置。用手机抓拍的图像，则会有反光和图像背景多样化的特点。

虽然有经验的工程师能够很容易预见要识别图像的特点，但依然要在获取图像后对图像数据进行仔细分析，为后续的算法选择提供依据，图像数据的特点可以从如下五个方面分析。

（1）欲识别的对象与背景图像数据是否容易分离？这涉及背景图像的复杂度问题，如果背景图像较复杂和不确定，则需要考虑背景图像可能会出现的各种情况，尽可能地收集每种情况的背景图像进行训练。

（2）欲识别的对象是否存在倾斜和倒置的问题？有时候我们会想当然地认为图像就应该是正的，现实情况往往无法如愿。如果待识别对象很容易计算倾斜角度，则最好进行倾斜矫正，这样可以大大降低数据训练或建模的难度。

（3）图像的纹理是否存在固定的表现特征？虽然利用深度学习技术不需要做特征分析，

但还是希望待识别的图像具有较为稳定的特征。如果特征不稳定，甚至人眼都难以分辨清楚，就别指望算法能够有更好的识别能力。通过对图像的纹理分析，可以判断识别的难易程度，有经验的算法工程师较容易从这方面判断技术的风险。

（4）欲识别的对象可以细分为多少种类？对于 OCR 识别技术，数字识别较易于字母识别，字母识别较易于汉字识别，简体字识别较易于繁体字识别，这些都是因为与待识别对象的种类多少有关。如果种类越少，则难度越小。在特定的场景中，都需要界定识别范围，如票据识别，可以归纳总结可能出现的汉字，然后对这些汉字进行重点训练，从而达到最佳的识别效果，这样做也可以降低研发成本。

（5）图像是否存在失真的问题？拍照后得到的图像，形状和颜色可能与原来的不一致，如去拍路口的红绿灯，可能会发现红灯在图像中居然是黄色的，这是因为红色光源太亮导致了色差，所以路口的红绿灯往往是三个不同位置的灯进行变化，电子警察系统中的算法可以根据不同位置的亮暗来判断灯的颜色状态。

需要强调的是，图像识别在工程实践过程中会碰到各种意想不到的图像数据问题，需要尽可能地多收集要识别的图像进行数据分析。

3.6.5　分析生成识别模型所需要的训练图像数量

如果仅仅从算法模型的角度来判断需要的训练图像数量，则没有普遍适用的答案，只能非常模糊地知道不同算法需要数据量的比较大小。一般情况下，按照训练数据量大小对算法进行排序，则有：K-NN < SVM < Adaboost < CNN。

其实，前面的数据分析为预估训练图像的数量打下了基础，训练图像需要覆盖图像数据各种情况，可对图像进行分类，然后针对每一种类预估需要的训练图像数量，假如我们需要设计一个算法识别道路上的车辆，则可以做如下分类。

天气：晴天、雨天、雾天、阴天、雪天五类。

时间：早上、上午、中午、下午、傍晚、晚上六类。

路面：柏油路、水泥路两类。

道路：高速路、市内道路、乡村道路、山路四类。

汽车：小车、SUV、皮卡、卡车、面包车、小货车六类。

车身颜色：白色、银色、黄色、红色、蓝色、绿色、黑色七类。

如果是采用 Adaboost 算法进行识别，每一种类至少需要 100 张图像进行训练，则总共需要的训练图像数量是 5×6×2×4×6×7×100 = 1 008 000。由此可以知道需要约 100 万张图像进行训练。这个是训练集的图像，如果再加上测试集的图像（测试集的图像数量一般是训练集图像数量的 10%）10 万张，则总共需要收集 110 万张的图像来建立识别算法模型，如果采用 CNN 算法，则将是千万级别以上的训练图像数量。

对于识别场景单一，没有上面那么多种类，也可以从识别精度确定训练图像的数量，如根据国家标准，要求点钞机中的钞票冠字号识别的误识率达到 0.03%以下，则测试的图像至少需要 1 万张，而训练的图像需要 10 万张以上。

目前采用的图像识别算法模型都是以统计学为理论基础，统计的数据越大则越具有统计意义，所以我们总是希望能够得到的数据越多越好，但从现实和成本上来考虑，总需要采取较为折中的方案。在难以确定训练数据量的情况下，可以先利用小部分的数据进行预训练，如果效果不理想，则再扩大训练数据规模，直至能够得到满意的训练结果。这种反复的过程较为浪费时间，训练周期较长。

3.7　自然语言数据分析要领

自然语言数据分析是 NLP 算法设计过程中的一个必要过程，它决定了 NLP 算法数据预处理方法和算法模型选择。

3.7.1　分析要处理的自然语言包含的语言种类

全球化的时代也是语言大混合的时代，已很难找到由单纯一种语言表达的文本。对于中文文本数据，总会夹杂着一些字母组成的信息，甚至英语词语也可能混在其中，对于英文文本数据，夹杂中文的情况几乎不会出现（中文的信息在英文中会以拼音的形式出现），但会遇到同个印欧语系（包含拉丁语族和日耳曼语族）下不同语言的特殊名词夹杂在英语文本中，不同的欧洲语言包含的字母范围并不一样，如图 3.19 所示的法语字母表。

Aa Ââ Àà Bb Cc Çç Dd Ee Êê Ëë Éé Èè Œœ Ff Gg Hh Ii Îî Ïï Jj Kk Ll Mm
Nn Oo Ôô Pp Qq Rr Ss Tt Uu Ûû Üü Ùù Vv Ww Xx Yy Zz

图 3.19　法语字母表

法语除了包含 26 个英语字母外，还包含了 14 个特殊字母，这 14 个字母是非 ASCII 码字母，如果要支持法语的数据处理，这会大大增加算法设计的复杂度。

中文和英文是截然不同的两种语言，中文在自然语言处理中需要分词的算法技术支持，而英语很容易分离词语，所以对于两种不同语言的处理一般需要两种不同的算法框架。

界定需要处理的语言种类与算法设计的需求紧密相关，在分析要处理的文本包含的语言种类时，还需要与需求管理相关人员沟通语言种类的处理范围，从时间、成本、质量上折中考虑要处理的语言种类范围。

3.7.2　分析文本数据涉及的场景类型

不同的场景涉及的文本数据特点有较大的不同，如科技类的文本有较多的特殊名称，文学类的文本有较多的形容词，新闻类的文本有较多的人名。如果能够抓住文本的特点，则在算法处理上可以达到更好的效果。

场景类型的定义可大可小，如对于文学类型，可以再细分为诗歌、散文、小说、杂谈等，而小说还可以再细分为武打小说、言情小说、历史小说等，如果要简化算法设计，场景类型的定义越细则越有利于算法训练中的参数优化，但这样做会导致算法通用化越差。

3.7.3　分析文本数据的字符编码

为什么有时候程序对文本数据处理后得到的是一堆乱码？这种情况很有可能是因为字符的编码使用错误，在处理文本数据之前需要先分辨所处理字符的编码是属于哪一种编码，我们需要认清如下常用的几种编码。

（1）GB2312: 简体中文字符集，一个字符占用两个字节。

（2）GBK: 包含简体、繁体、日语、韩语等的字符集，一个字符占用两个字节，GB2312 是 GBK 的一个子集。

（3）ASCII 码: 半角的英文字母、标点符号、数字等，一个字符占用一个字节，且字节中最高位为 "0"（即字节值小于 128），最高位为 "1" 的字符是一些特殊字符，如法语中 14 个特殊字母由 128～255 之间的字节值来表示。

（4）UCS2: 属 UNICODE 编码，可以表示所有语言字符的编码，一个字符占用两个字节，甚至 ASCII 码也用两个字节表示（高字节值为 0，低字节与 ASCII 码一样表达）。

（5）UTF8：也是属于 UNICODE 编码，但它是可变长度的编码，但正常情况下由 1～3 个字节组成，并且兼容 ASCII 码。

UCS2 与 UTF8 的转换关系如图 3.20 所示。

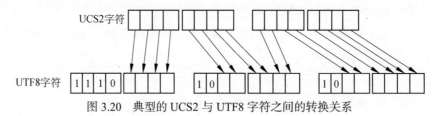

图 3.20　典型的 UCS2 与 UTF8 字符之间的转换关系

双字节的编码需要考虑字节顺序问题，如图 3.21 所示。

Little-endian，将低序字节存储在起始地址（低位编址）。

Big-endian，将高序字节存储在起始地址（高位编址）。

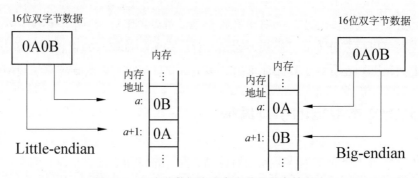

图 3.21　双字节数据在内存中的两种存储方式

而 UTF8 没有字节顺序的问题，所以在通信中（如网页中的信息）较多采用 UTF8 编码进行字符信息传递。在处理中文字符信息的时候需要特别注意字符集和字节顺序的问题，否则得到的处理结果将是一堆乱码信息。

3.7.4　分析文本数据的大小

对于图像数据可以把不同大小的图像归一化为统一的大小进行处理，而对于文本数据，无法对文本数据进行压缩和放大，所以必须慎重考虑要处理的文本大小。

短文本和长文本有着不同的特点，并对应不同的算法处理方法。如对于只有一两个句子长的短文本，很容易抽取关键词进行分析，但无法统计关键词的词频。短文本的自然语言处理算法利用语法规则进行逻辑判断就可以达到算法所要实现的目的。对于由几个段落组成的长文本，可以利用统计的方法实现对文本数据的算法处理，如通过词频计算关键词的出现概率，再利用贝叶斯概率公式实现对文本类型的判别。

3.7.5　结合需求分析文本数据的特点

不同场景的文本具有不同特点，根据这些特点，会有不同的自然语言处理需求，也可以根据这些特点对算法进行特殊化处理以达到较好的效果。

论坛或评价类文本数据，如图 3.22 所示。对于这类文本，字符个数一般较少，短的可以只有一两个字符，长的一般不超过 50 个字符，有较多的网络语言，语法较不规范，甚至有较多的错别字，有些字符中间还会夹杂一些表情符号。

★★★☆☆

花费11.91元买的，还真是特别小……不开心

浅绿大号箱36*23*24CM　　　　　2022-09-23 22:42

★★★☆☆

轻薄得像纸糊的一样，不对，其实就是纸糊的。放点轻东西还行。

大号＋大号（两个装）浅绿　　　　2022-06-26 20:11

★★★☆☆

感觉一般，不太结实，做工一般，一份价钱一份货吧，便宜

小号箱颜色随机25*19*16CM　　　　2022-07-12 21:57

★★★☆☆

难闻得很，味儿太大了，熏得眼睛疼……

小号箱颜色随机25*19*16CM　　　　2022-11-21 20:12

★★★☆☆

味儿太大了，非常难闻刺鼻……

小号箱颜色随机25*19*16CM　　　　2022-11-21 20:10

图 3.22　电商平台上的商品评价类数据

新闻类文本数据，如图 3.23 所示。对于这类文本，字符数一般较多，大部分文本的字符数为 50～1000 个，语法和用词都较严谨和规范，一般都有表示时间、地点、人物的词语，语言感情色彩一般较为中性。

联合早报 LIANHE ZAOBAO /100 百年知新　首页　即时　新闻　观点　文萃　专题　财经

（布城综合讯）马来西亚政府侦办一马公司弊案有新进展。马国警方已经逮捕通缉犯刘特佐的亲信、一马公司前法律顾问与集团策略执行董事卢爱璇。卢爱璇之前曾离开马国多年。

内政部长赛夫丁星期三（7月12日）出席内阁会议后，在内政部召开的记者会透露，吉隆坡警方星期五（7日）援引刑事失信条文逮捕卢爱璇，并在隔天向法庭申请延长扣留她以协助调查。

希盟政府2018年5月上台后，同年12月正式提控刘特佐与卢爱璇，以及高盛集团前东南亚区董事长雷斯纳与前高管黄宗华，并向高盛集团追讨75亿美元（约100亿新元）赔款。

控状指他们涉嫌在2012年至2013年间，为一马公司安排发售三批总值65亿美元债券时，收取近一成或约6亿美元佣金，比一般1%至2%的抽佣率高几倍。他们也涉嫌在发行债券时，不当挪用约27亿美元的一马公司资金。

图 3.23　新闻网页中的内容

博客类文本数据，如图 3.24 所示。对于这类文本，字符数一般较多，大部分文本的字符数为 300～1500 个，语法和用词相对较规范，内容较杂，可以再细分为技术类、生活类、杂谈类、人文科学类、旅游类等，分类的方法可以根据 AI 场景的具体需求进行划分。

理解离散傅里叶变换（一. 傅里叶变换的由来）

原创　dznlong　于 2008-04-08 17:38:00 发布　阅读量10w+　收藏 270　点赞数 50　公开　编辑　版权

分类专栏：其它　文章标签：审查　文档　扩展　工作　im　url

其他　专栏收录该内容　3 订阅　7 篇文章

理解离散傅里叶变换（一）

------傅里叶变换的由来

关于傅里叶变换，无论是书本还是在网上可以很容易找到关于傅里叶变换的描述，但是大都是些故弄玄虚的文章，太过抽象，尽是一些让人看了就望而生畏的公式的罗列，让人很难能够从感性上得到理解，最近，我偶尔从网上看到一个关于数字信号处理的电子书籍，是一个叫Steven W. Smith, Ph.D.外国人写的，写得非常浅显，里面有七章由浅入深地专门讲述关于离散信号的傅立叶变换，虽然是英文文档，我还是硬着头皮看完了有关傅里叶变换的有关内容，看了有茅塞顿开的感觉，在此把我从中得到的理解拿出来跟大家分享，希望很多被傅里叶变换迷惑的朋友能够得到一点启发，这电子书籍是免费的，有兴趣的朋友也可以从网上下载下来看一下，URL地址是：

图 3.24　博客网页内容

对话类文本数据，如图 3.25 所示。对于这类文本，字符个数一般较少，大部分只有一个短句的长度，一般不超过 20 个字符，有较多的口头语言，上下文的依赖较为严重，往往从一个单句难以理解要表达的意思，语言中往往带有较多的情感词，对标点符号不敏感。因此，在处理这类文本数据时往往需要进行对话角色划分或识别。

科技类文本数据，如图 3.26 所示。对于这类文本，字符数一般较多，一般都有 1000 个以上的字符，这类文本数据语法和用词都较为严谨和规范，文本中会有较多的特殊词和专有名词，需要较大的词库支持，甚至在自然语言处理过程中还需要有自动生成新词的能力，文本中会夹杂较多的数字和图表。

图 3.25　对话类文本数据

第2章　立磨优化控制问题给出及研究现状

在水泥生产中，传统的生粉料磨系统是球磨机粉磨系统，而当立磨出现以来，由于它以其独特的粉磨原理克服了球磨机粉磨机理的诸多缺陷，逐渐引起人们的重视。特别是经过技术改进的立磨与球磨系统相比，有着显著的优越性，其工艺特点尤其适宜于大型预分解密水泥生产线，因为它能够大量利用来自预热器的余热废气，能高效综合地完成物料的中碎、粉磨、烘干、选粉和气力输送过程，集多功能于一体。由于它是利用料床原理进行粉磨，避免了金属间的撞击与磨损，金属磨损量小、噪声低；又因为它是风扫式粉磨，带有内部选粉功能，避免了过粉磨现象，因此减少了无用功的消耗，粉磨效率高，与球磨系统相比，粉磨电耗仅为后者的 50%-60%，还具有工艺流程简单、单机产量大、入料粒度大、烘干能力强、密闭性能好、负压操作无扬尘、对成品质量控制快捷、更换产品灵活、易

图 3.26　一篇论文的部分内容（科技类文本）

文本的种类非常多，以上只是列举了几种较为常见的文本数据。分析文本数据的特点，可以从文本数据的字符数、语法和用词规范性、用词范围、感情色彩、关键词类型、文本结构等方面进行分析和描述。

3.7.6　分析建立自然语言处理模型需要的数据量

表 3.2 罗列了建立 NLP 算法模型的中文数据量，利用 Google 的 NLP 深度学习模型 BERT-Base 对表 3.2 中提供的数据进行训练，表 3.3 是根据中文理解测评基准（Chinese GLUE）公布的准确率。

表 3.2　不同模型的训练和测试样本数据量[①]

训练任务	训练集数量	验证集数量	测试集数量
LCQMC 口语化描述的语义相似度任务	238,766	8,802	12,500
XNLI 语言推断任务	392,703	2,491	5,011
TNEWS 今日头条中文新闻（短文本）分类	266,000	57,000	57,000
INEWS 互联网情感分析任务	5,356	1,000	1,000
BQ 智能客服问句匹配	100,000	10,000	10,000
MSRANER 命名实体识别	46,364	无	4,365
THUCNEWS 长文本分类	33,437	4,180	4,180
iFLYTEK 长文本分类	12,133	2,599	2,600

从表 3.3 可以看出 iFLYTEK 长文本分类存在较低的准确率，对比 THUCNEWS 长文本分类效果，可以看出应该是 iFLYTEK 训练数量较少的原因导致的，只要把数据量增加一倍以上就可以达到 85%以上的准确率。

表 3.3　不同模型的测试结果[②]

训练任务	在测试集上准确率
LCQMC 口语化描述的语义相似度任务	86.90%
XNLI 语言推断任务	77.80%
TNEWS 今日头条中文新闻（短文本）分类	89.78%
INEWS 互联网情感分析任务	82.70%
BQ 智能客服问句匹配	85.08%
MSRANER 命名实体识别	95.38%
THUCNEWS 长文本分类	95.35%
iFLYTEK 长文本分类	63.48%

通过上面两个表格给出的数据基本可以确认在实现类似功能时需要的数据量，上面所列的功能基本涵盖了当前主要的 NLP 功能，但需要注意，这是在预训练后的深度学习模型上进行训练和测试，若需要实现 NLP 深度学习模型的预训练，则需要包含成百上千亿词语的文

---

① 表中数据来源：https://github.com/chineseGLUE/chineseGLUE [OL]. (2021-12-22).

② 表中数据来源：https://github.com/chineseGLUE/chineseGLUE [OL]. (2021-12-22).

本，并且在大规模的计算硬件资源上进行训练，这不是一般个人或小公司所能承受的成本。

　　预估自然语言训练文本的数据量也可以根据文本种类的数量，先对文本进行分类，根据现有条件初步预设每一种类需要的文本数量建立训练数据，然后进行初步训练，假如训练效果与预期的效果相差很大（小于目标准确率的 80%以下），则说明训练数据量不够，需要增加训练文本数据量重新进行训练，如果可以达到目标准确率的 80%以上，则意味着这样的数据量已足够使用，剩下的工作主要是优化训练参数和丰富算法的处理方法以进一步提升文本识别准确率。

　　深入的数据分析有利于保证算法设计中数学建模的准确性，这里借用《数学之美》中关于数学建模的总结作为本章内容的结语①。

- ☑ 一个正确的数学模型应当在形式上是简单的。（托勒密的模型显然太复杂。）
- ☑ 一个正确的模型在它开始的时候可能还不如一个精雕细琢过的错误模型来得准确，但是，如果我们认定大方向是对的，就应该坚持下去。（日心说开始并没有地心说准确。）
- ☑ 大量准确的数据对研发很重要。
- ☑ 正确的模型也可能受噪声干扰，而显得不准确；这时我们不应该用一种凑合的修正方法来弥补它，而是要找到噪声的根源，这也许能通往重大发现。

3.8　一个充分分析文字数据特点实现算法设计的案例——数学相似题判断方法

　　教学信息化离不开题库中心的建设，如图 3.27 所示，题库中心有一个重要的功能是试题相似性的自动判断，通过试题相似性判断可以辅助试卷和作业的编制，提高教学效率。传统的相似性判断方法是根据大量的人工标注信息进行过滤和判断，费时费力。也有采用机器学习训练的方法，但相似性判断的准确性不高，难以达到实用的程度。在这里我们针对数学学科试题的特点，从试题内容中充分挖掘数学表达特征，实现高效精准的中小学数

---

① 吴军. 数学之美[M]. 北京：人民邮电出版社，2006：175.

学试题相似性判断方法。

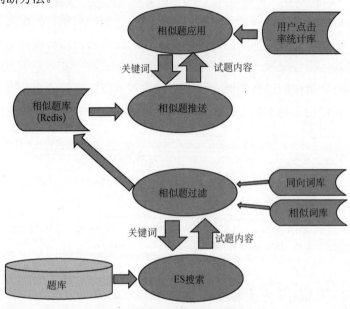

图 3.27　在题库中推送相似题的功能

3.8.1　数据分析

　　试题的内容反映了试题的考查知识点、考查方法，但不同的学科有不同的试题表现形式和方法，难以统一。若要实现准确度较高的相似性判断算法，需要针对不同学科的特点，从题干中挖掘关键信息，再利用关键信息建立相似度判断数学模型，以实现更为精准的相似性判断方法。

　　对于数学试题的内容，有以下几种特点。

　　有些试题单纯地由数学符号表达，文字很少，如图 3.28 所示。

列竖式计算
209×4=　　　290×4=　　　760×7=　　　3300×8=

口算
0+23=　　0×2=　　　14−0=　　　8×0=　　　0×0=
0−0=　　63×0=　　25×8=　　10×100=　　58+0=

图 3.28　文字信息很少的数学题

有些试题可以由大量文字组成，所带数学符号很少，如图 3.29 所示。

水是地球的血脉，是万物生存之源，是风霜雨雪之根，是人类最不可少的有限资源。最大限度利用有限水资源，美化环境装扮家园，让地球多一处绿地营造人类美好生活。

（1）一个节水马桶每工作一次大约用水3L，一个普通马桶每工作一次大约用水10L。假设有100万户居民，按每天每户使用8次马桶计算，使用节水马桶比使用普通马桶每天大约节省多少升水？合多少万吨？（1L水重1kg）

（2）小胖家在抽水马桶水箱里放了一个雪碧瓶，每次冲马桶可以节约600毫升水，以每天冲12次马桶计算，他家在2022年可以节约用水多少升？

图 3.29　含数学符号很少的数学题

对于数学符号，算法需要能够从中提取数学符号表达特征，而对于数学符号很少的试题，需要能够从文字中挖掘表达数学意义的文字，如图 3.29 所示的题中，"一个""一次""大约""计算""每""次""节省""节约""含""万""多少"等这些词是提供数学解题思路的关键信息。

与通用的文本相似度比较不同，数学试题中词频低的词通常不是关键词，词频高的词往往是关键词，需要以数学知识为依据总结出所需的关键词。

在图 3.30 的试题中，"蜗牛"是低频词，在数学题中不是关键词，而"到达""出发""方向""路线""距离"等高频词是该题的关键词，但是"从""的""第一天""这时"等高频词又不是关键词，所以也并不是所有的高频词都是数学题的关键词，需要通过人工进行整理和分析，根据数学题的特点判断哪些词是关键词。

一只蜗牛从甲地出发，第一天沿西偏北40°方向爬行30 m到达乙地；第二天从乙地出发，沿东偏南40°方向爬行20 m到达丙地。这时蜗牛在甲地什么方向上？距离甲地有多远？在图中画出蜗牛爬行的路线。

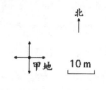

图 3.30　数学应用题

有些数学题中带有图形符号，甚至有些带图形符号的数学题根本就无法从题干内容中发现关键信息，如图 3.31 所示。

求下面阴影部分的面积。(单位：cm)

图 3.31　带图形符号的数学试题

对于图形符号，如果要用图像识别算法识别，那会是件难以实现或投入巨大的算法工程。因为各种各样的图形太多，而且识别结果还不一定正确。为此，可以采用人工标注的方法解析图形，为实现快速标注并保证标注的一致性，可以采用关键词标注法进行标注，如图 3.31 所示的数学题可以标注为圆、圆环、半径、正方形、阴影，这样基本可以实现图像的对比。

数学试题有多种题型，如计算题、画图题、证明题、解方程题、解答题等。对于试题的类型，很容易从关键词中判断出来，如对于证明题，一般带有"求证""证明""试证"等关键词。

数学符号的表达存在多种形式，如"直角"可用"Rt""90°角""垂直"等来表达，而且不同的数学符号还可能是表达同一类型的数学题，如表达式中分别有 sin 和 cos 的两道数学题，虽然两个词的含义不一样，但大部分情况下可以作为相似题。所以需要定义一套同属数学知识范畴的相似词，在这里，我们把它定义为"同向词"，以对通常所说的相似词进行区分。

有些题的关键词数量比较多，有些比较少。关键词比较多的题能够明显地揭示要表达的数学知识和解题思路，对于关键词比较少的题，仅从关键词难以判断试题的数学知识。因此，需要对这两种情况进行区分处理，处理的方法是设置关键词判断方法的权重。当关键词较多时则关键词判断方法权重高，当关键词较少时则关键词判断方法权重低。

题库中的字符以 UTF8 的格式进行存储。UTF8 格式字符的字节长度不一致，中文为三个字节，ASCII 码为一个字节。一种处理方法是把 UTF8 字符转为 UCS2 字符进行处理，另一种处理方法是编写针对 UTF8 字符串的字符处理方法。这里我们采用了后者，为此，需要注意的是关键词库和同向词库也要以 UTF8 字符的形式进行存储。

以上列举的几种情况主要是数据特点，其实，还有更多的数据理解工作是对数学教材、教学方法的学习，并向资深的一线数学老师请教数学试题的设计方法和数学试题相似性的判断标准（对于行业应用的数据，需要请教专家，以获取充分的专业知识，这样才能设计满足应用需求的 AI 算法），我们把符合如下两个条件的试题称为相似试题。

☑ 考查的知识点具备相似性。

☑ 解题的思路和方法具备相似性。

如表 3.4 所示，我们把数学试题的相似性分为如下几类。

（1）A 类：试题表达形式完全相同，只有数字上的不同（列式计算题除外），即通常所说的相同的题目。

（2）B 类：考查的知识点范围完全一致，解题复杂度完全一致。

（3）C 类：考查的知识点范围完全一致，但解题的复杂度同属综合应用型或隐性应用型，且解题所涉及的知识点个数相差不超过 1 个。

（4）D 类：考查的核心知识点一致，但考查的细粒度知识点范围不同，且细粒度知识点个数相差不超过 2 个，解题的复杂度同属综合应用型或隐性应用型，且解题所涉及的知识点个数相差不超过 1 个。

注：这里将解题复杂度分为识记型、理解型、简单应用型、综合应用型、隐性应用型等类型。

表 3.4　试题相似性分类方法

相似度等级 判断维度	A 类	B 类	C 类	D 类
题干内容	完全一致	不一致	不一致	不一致
考查知识点	完全一致	完全一致	完全一致	不完全一致
解题复杂度	完全一致	完全一致	不完全一致	不完全一致

3.8.2　技术实现方法

为此，我们从如下几个方面实现中小学数学相似题判断算法。

（1）利用知识点和数学试题表达信息建立数学表达关键词库，并把关键词分为核心关键词、强关键词、弱关键词三种类型。其中，核心关键词为能够反映考查知识点的关键词和能够反映数学表达特殊性的关键词；强关键词为与知识点相关联，但无法完整表达知识点的关键词；弱关键词为与知识点无关但为数学试题常用的表达词语。核心关键词的权重值为 9，强关键词的权重值为 4，弱关键词的权重值为 1，如表 3.5 所示。

表 3.5　部分关键字列表

关键字	权重	关键字	权重	关键字	权重	关键字	权重	关键字	权重
按比例	9	半	1	倍数	4	比例尺	4	比值	4
百分比	4	半径	4	倍长	9	比例分配	9	必然	4
百分率	4	半圆	4	比	4	比例系数	9	必然事件	9
百分数	4	北	1	比较	4	比赛	1	边角	4
百分位	4	倍	4	比例	4	比为	4	边数	4

为什么权重定义为 9、4、1 呢？考虑到一个数学知识点的关键词一般可以分解为两个或两个以上的关键词，所以核心关键词的权重是强关键词的两倍以上，而弱关键词无法反映数学知识点，弱关键词的权重为强关键词的 25% 为宜，设置最小权重为 1，这样方便数值计算。

（2）从题干内容中提取数学符号表达特征，把数学符号分为运算符号、常用字母变量、方程中表达未知数的字母、几何题中的常用字母、表达参数的常用字母、其他特殊的数学符号（如 Π、≈、∈等）。

把数学符号分为如下几类，若包含其中的某个关键字，则相应特征值设置为 1，否则设置为 0。

☑ 是否包含单字母"x、y、z"。

☑ 是否包含单字母"A、B、C"。

☑ 是否包含"AB、AC、AD、BC、BD、EF"。

☑ 是否包含单字母"k、m、n"。

☑ 是否包含单字母"a、b、c"。

☑ 是否包含"="。

☑ 是否包含"+、−、×、÷"。

☑ 是否包含"<、>、≥、≤、≠"。

☑ 是否包含"≈、∈、∩、∪"。

☑ 是否包含"3.14、π"。

通过上面十种符号的判断得到一个长度为 10，值为 0 或 1 的特征序列。

（3）建立同向词库，以适应同类表达但表达方法不同的数学试题内容，这里的同向词与日常语言中所定义的相似词不完全相同，我们把数学表达同类型或语意类似的词语归为同向词，如把"正弦"和"余弦"归为同向词，以使得算法更具有泛化能力。部分同向词如图 3.32 所示。

```
重合,重叠,折叠
Rt,直角三角形
⊙,圆,圆形
△,三角形
≈,相似
≌,全等
∥,平行,//
∠,角
⊥,垂直,垂线,垂足
30°,60°,30度,60度
如图,图示
证,证明,求证,说明理由,试说明
容积,体积,容量
数目,数量
```

图 3.32　部分同向词

（4）分析关键词在试题中的重要性，计算关键词显要性系数，然后再利用该系数把关键词相似性和数学符号表达相似性结合起来得到试题相似度，从而实现自适应的动态加权系数。

$$关键词显要性 = \frac{核心关键词权重总和}{所有关键词权重总和} \tag{3.31}$$

当关键词显要性数值小于 0.6，且存在关键词时，关键词显要性数值设置为 0.6。

当关键词显要性数值大于 0.8 时，关键词显要性数值设置为 0.8。

该系数反映了关键词在试题中的表现程度，显要系数越低，表明关键词越无法反映试题的考查知识点和解题思路。

$$试题相似度 = 关键词相似度 × 关键词显要系数 + 数学表达相似度 \\ × (1 - 关键词显要系数) \tag{3.32}$$

其中，

$$关键词相似度 = \frac{相同的关键词权重总和}{MAX(试题1关键词权重总和，试题2关键词权重总和)} \tag{3.33}$$

$$数学符号表达相似度 = \frac{特征序列相同个数}{10} \tag{3.34}$$

（5）对于带有图形的试题内容，通过人工对图形进行打标，打标方法是给出可以表达图形内容的关键词，关键词取自关键词库，从而避免对图像数据的直接判断。

（6）利用关键词判断解题类型，对于证明题、画图题、计算题和其他题型，当题型不一致时，不计算相似度，直接给出不相似的结果。

相似题算法流程如图 3.33 所示。

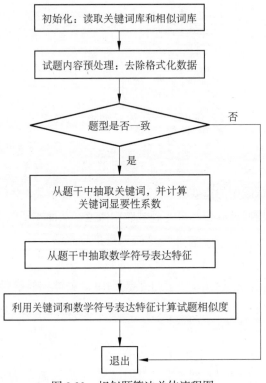

图 3.33　相似题算法总体流程图

对于关键词库的存储，可以采用二叉树的数据结构来表达数据，这样不仅可以减少内存占用，还可以达到快速搜索的目的，下面是采用 Go 语言编程实现的数据存储和访问方法。

存储数据结构定义如下。

```
type TBintreeNode struct { //for store keyword lib
    word    string
```

```
    weight int
    left   *TBintreeNode
    right  *TBintreeNode
}
```

从文本文件中读入关键词库的方法如下。

```
func loadKeywordLibrary(KeyWordFile string) (BintreeList map[string]*
TBintreeNode, err error) {

    file, err := os.Open(KeyWordFile)
    if err != nil {
        fmt.Println("fail to open file: ", KeyWordFile)
        return
    }

    defer file.Close()

    inBuffer := bufio.NewReader(file)
    BintreeList = make(map[string]*TBintreeNode)
    for {
        line, isPrefix, err1 := inBuffer.ReadLine()
        if err1 != nil {
            if err1 != io.EOF {
                err = err1
            }
            break
        }

        if isPrefix {
            fmt.Println("a too long line, possible to be wrong text! ")
            return
        }

        str := string(line)
        var DouPosition int = strings.Index(str, ",")
        var strLen int = len(str)
        if DouPosition > 0 {
```

```
            strKeyword := str[0:DouPosition]
            strWeight := str[DouPosition+1 : strLen]
            weight, err1 := strconv.Atoi(strWeight)
            if err1 != nil {
                fmt.Println("cant get weight value of keyword: ", strKeyword)
                err = err1
            } else {
                //var TopBintreeNode = new(TBintreeNode)
                //TopBintreeNode.weight = weight
                //BintreeList[strKeyword] = TopBintreeNode
                AddKeywordInfo(BintreeList, strKeyword, weight)
            }
        }
    }

    return
}

func AddKeywordInfo(BintreeList  map[string]*TBintreeNode,  strKeyword
string, weight int) {
    /*
     * if weight = -1: indicate not be word
     * if weight = 0: indicate ignored word,be used to avoid extracting false
keyword,e.g. cm--->m,kg--->k
     */
    charsCount := GetCharsCount(strKeyword)

    var CheckIndex int = 0
    var BintreeNode *TBintreeNode = nil
    var CheckNode *TBintreeNode = nil
    var preNode *TBintreeNode = nil
    for i := 0; i < charsCount; i++ {
        //to get UTF8 single char
        charBytes := GetCharBytesCount(strKeyword[CheckIndex])
        str := strKeyword[CheckIndex : CheckIndex+charBytes]
        CheckIndex += charBytes
```

```
if i == 0 { //for first char
    BintreeNode = BintreeList[str]
    if BintreeNode == nil {
        BintreeNode = new(TBintreeNode)
        BintreeNode.word = str
        BintreeNode.weight = -1
        BintreeNode.left = nil
        BintreeNode.right = nil

        BintreeList[str] = BintreeNode //insert new tree in list
    }
} else {
    //to search char in bin tree: travel right node
    CheckNode = BintreeNode.left
    preNode = CheckNode
    for {
        if CheckNode == nil {
            break
        }
        if CheckNode.word == str {
            break
        }

        preNode = CheckNode
        CheckNode = CheckNode.right
    }

    if CheckNode == nil { //cant find char in bin tree,then append
new char node
        var newBintreeNode = new(TBintreeNode)
        newBintreeNode.word = str
        newBintreeNode.weight = -1
        newBintreeNode.left = nil
        newBintreeNode.right = nil

        if preNode == nil {
```

```
            BintreeNode.left = newBintreeNode
        } else {
            preNode.right = newBintreeNode
        }

        BintreeNode = newBintreeNode //move to new node for next char
    } else {
        BintreeNode = CheckNode
    }

    }

}

//finally, set weight value for the keyword
if BintreeNode != nil {
    BintreeNode.weight = weight
} else {
    fmt.Println("fail to insert keyword info!")
}

return
}
```

在文本中搜索关键词的方法如下。

```
func ExtractKeyword(BintreeList map[string]*TBintreeNode,
SimilarWordList map[string]*TDoubleDirectChain,
            strSentence string) (KeywordStringList []string,
    KeywordWeightList []int) {

    if BintreeList == nil || SimilarWordList == nil {
        fmt.Println("fail to get word weight: bin tree not be created! ")
        return
    }

    //to make slice array
    KeywordStringList = make([]string, 0, 64)
```

```
KeywordWeightList = make([]int, 0, 64)

//to prevent to output same keyword
var KeywordMap map[string]int
KeywordMap = make(map[string]int)

charsCount := GetCharsCount(strSentence)
var CheckIndex int = 0
var weight int = -1
var bExist bool = false
for i := 0; i < charsCount; {
    //to get UTF8 single char
    charBytes := GetCharBytesCount(strSentence[CheckIndex])
    strSingleChar := strSentence[CheckIndex : CheckIndex+charBytes]
    CheckIndex += charBytes

    strKeyword := strSingleChar
    weight, bExist = GetWordWeight(BintreeList, strKeyword)
    var newCheckIndex int = CheckIndex
    var newCharIndex int = i + 1
    if bExist { // to travel sub sentence
        subCheckIndex := CheckIndex
        strKeywordTemp := strKeyword
        for j := i + 1; j < charsCount; j++ {
            subCharBytes := GetCharBytesCount(strSentence[subCheckIndex])
            subSingleChar := strSentence[subCheckIndex : subCheckIndex+sub
CharBytes]
            subCheckIndex += subCharBytes

            strKeywordTemp = strKeywordTemp + subSingleChar
            subWeight, bFound := GetWordWeight(BintreeList, strKeyword
Temp)
            if bFound && subWeight >= 0 { //found new word,to replace the
old word
                weight = subWeight
                strKeyword = strKeywordTemp
                newCheckIndex = subCheckIndex
```

```
                    newCharIndex = j + 1
            } else if !bFound { // the sub string not is keyword,to
terminate searching
                    break
            } //else: continue to search next char


        }

        //to append new keyword
        if weight > 0 {
            WordsCount, ok := KeywordMap[strKeyword]
            if !ok {

                KeywordCount := len(KeywordStringList)
                var k int = 0
                for k = 0; k < KeywordCount; k++ {
                        if CheckSimilarWords(SimilarWordList, KeywordString
List[k],
 strKeyword) {

                                break
                        }
                }
                if k >= KeywordCount || KeywordCount == 0 {
                        KeywordStringList = append(KeywordStringList, strKey
word)

                        KeywordWeightList = append(KeywordWeightList, weight)

                        KeywordMap[strKeyword] = 1
                }
            } else {
                KeywordMap[strKeyword] = WordsCount + 1
            }

            i = newCharIndex
            CheckIndex = newCheckIndex
        } else if weight == 0 {
            i = newCharIndex
```

```
                CheckIndex = newCheckIndex
            } else {
                i++
            }
        } else {
            i++
        }
    }

    return
}
```

获取关键词权重数据的方法如下。

```
func GetWordWeight(BintreeList map[string]*TBintreeNode, strKeyword string)
(weight int, bExist bool) {
    /*
        if strKeyword is a word: weight >= 0, bExist = true
        if strKeyword is a subword: weight = -1, bExist = true
        if strKeyword is not a word and not a sub word: weight = -1,bExist
= false
    */
    if BintreeList == nil {
        fmt.Println("fail to get word weight: bin tree not be created! ")
        weight = 0
        return
    }

    charsCount := GetCharsCount(strKeyword) //note: not be bytes count

    var CheckIndex int = 0
    var BintreeNode *TBintreeNode = nil
    var CheckNode *TBintreeNode = nil
    for i := 0; i < charsCount; i++ {
        //to get UTF8 single char
        charBytes := GetCharBytesCount(strKeyword[CheckIndex])
        str := strKeyword[CheckIndex : CheckIndex+charBytes]
        CheckIndex += charBytes
```

```
        if i == 0 { //for first char
            BintreeNode = BintreeList[str]
            if BintreeNode == nil {
                break
            }
        } else {
            //to search char in bin tree: travel right node
            CheckNode = BintreeNode.left
            for {
                if CheckNode == nil {
                    break
                }
                if CheckNode.word == str {
                    break
                }

                CheckNode = CheckNode.right
            }

            if CheckNode == nil { //cant find the char in bin tree
                BintreeNode = nil
                break
            } else {
                BintreeNode = CheckNode
            }

        }

}

//finally, get weight value for the keyword
if BintreeNode != nil {
    weight = BintreeNode.weight
    bExist = true
} else {
    //fmt.Println("fail to get word weight!")
```

```
        weight = -1
        bExist = false
    }


    return
}
```

第4章
高维空间中的数据

提起高维空间，如果你对物理科学有较深的了解，或者喜爱阅读科幻小说，可能会联想到爱因斯坦的相对论。相对论在四维空间中构建物理模型，而试图将相对论与量子理论统一的超弦理论则认为宇宙是一个十一维的空间。在物理科学中，高维空间指的是多维的量子化空间，涵盖宏观、微观和宇观层面。这些概念和理论对于非专业研究者来说可能显得有些艰深晦涩。然而，在科幻小说中，我们可以欣赏到关于高维空间的奇妙想象，例如刘慈欣的《三体》系列中对高维空间的描述，其中，对"智子"建造过程的描述尤为详细。这些描述虽然涉及物理科学知识，但我们在这里要探讨的不是物理，而是从数学的角度来探讨具备多维度数据的特点，这将有助于理解 AI 算法的设计方法和实践中发现的问题。

AI 算法所要处理的数据，其维度一般是多维的，如一幅 200×200 的灰度图像数据用 SVM 算法来训练，在 SVM 算法中，如果将图像的每个像素作为输入的特征，并将其作为一个二维矩阵传递给网络，则 SVM 算法的输入维度为 200×200=40 000 维，即 4 万维的数据，而对于 RGB 三通道彩色图像，则为 12 万维数据。

对于高维度的数据，可能会导致算法模型（如神经网络模型）参数规模达到千万甚至上亿，所需的训练样本数量也是千万级别以上，即使这样，训练结果还是会出现不理想的情况，在应用过程中会发现图像数据中一点点的差异便会导致识别错误，如第 3 章介绍的关于交通标志的识别错误。这让人很难理解，在这一章我们将尝试从数学的角度讨论其原因。

如果对高维特征数据直接用欧氏距离去判断样本之间的差异，会发现它们之间的差异都很小，这是什么原因呢？更有趣的是，如果用余弦相似度去计算样本之间的相似度，则会发现数据与原点的距离并不影响余弦相似度计算的有效性，因为它们都分布在一个超球面上。这些都会使我们不得不去思考高维空间中的数据特点，以便更深入地理解数据训练过程中出现的问题，为设计算法模型提供解决问题的思路。

4.1　高 维 灾 难

高维灾难又称维数灾难，是指在高维空间中所遇到的难以克服的难题，一方面因为计算量的指数级暴增，另一方面因为低维空间中解决问题的一些数学方法在高维空间中已不适用。

计算量的增加是显而易见的，首先，对于 AI 算法所需要的样本数量，每增加一个维度，训练样本数量将成倍地增长，其次，维数增加，训练参数必然增加，训练参数的增多使得计算复杂度成倍增长。因此，建立一个深度学习预训练模型是一个浩大的工程。2012 年，人工智能科学家吴恩达用 1000 个计算机构建了电子模拟神经网络，训练了1000 万张未标注的图片，这些图片是从 YouTube 的视频片段中随机抽取的，最终让计算机自主学会了识别猫的面孔，这引发了人们对深度学习技术研究的热情。其后，深度学习在训练技术上不断得到了改进，并出现了深度学习专用的 CPU 以提高训练速度，如 TPU（张量处理单元），深度学习也快速应用到了自然语言处理中，2019 年谷歌推出了自然语言处理模型 BERT，该模型分大小两种模型，小模型有 1.1 亿个参数，大模型有 2.35 亿个参数，利用 15 个 TPU 进行训练，对于小模型需要 4 天的时间才能训练结束，而大模型则需要 16 天的时间。

在高维空间中，数据分布变得非常的稀疏，当我们用欧氏距离去计算两点之间的距离时，会发现有时候两个明显不相同的样本，却无法通过欧氏距离区分出来，这主要是因为具有明显差异的维度被大量无明显差异的维度覆盖了。就像站在高处远望一片森林，虽然各种树木参差不齐，高矮错落，但是很难发现森林中较不一样的树木，为此，需要通过降维的方法，把无明显差异或对区分度较无贡献的维度去掉，突出具有较大差异的维度信息，也可以通过对不同维度设置不同的权重，以此降低对区分度较无贡献的维度在计算相似度中的影响。

目前高维灾难被越来越少人提及，因为算法技术和硬件技术已可以化解高维数据的处理难题，如深度学习算法，通过大规模的 CPU 阵列进行并发计算，在具有巨量参数的超多层的神经网络中进行样本学习，并给予海量的数据进行训练，已经可以很好地解决高维数据带来的难题。

4.2　高维空间数据分布特点

高维空间数据的分布具有稀疏性、表面分布、近似正交的特点。

4.2.1　稀疏性

假如一个维度可以容纳（或表示）10 个不同的样本数据，则两个维度可以容纳 100 个不同的样本数据，三个维度则为 1000 个，四个维度为 10 000 个……如果把容纳的数量理解为体积，可以说明随着维度的增加，体积会急剧地膨胀，当维度膨胀到 100，则是"10^{100}"这样的天文数字大小的体积。如果你无法想象这样的数字会有多大，可以参考以下数据，如地球上的原子个数为 1.33×10^{50}，宇宙中大约有 10^{80} 个原子。所以，就算我们拥有亿量级的样本，在高维空间的分布也是极其稀疏的，就如那浩瀚的宇宙，是那么的空空荡荡和遥不可及。

虽然高维空间如此的宏大，但现实中样本的表现形式不会多到如此可怕，在限定范围内，千万级的样本数量已基本可以解决大部分的问题。如果是在已做过预训练的深度学习模型上训练数据，对于有些样本种类较少或样本数据变化不大的场景，几万个样本数据就可以训练出可用的算法模型。

利用高维空间数据的稀疏性，可以在图像数据中隐藏秘密信息（数字图像隐写技术），并且不影响图像的外观和质量，从而实现信息的秘密传输。如图 4.1 所示是美国 FBI 发布的两张图片。

图 4.1　隐藏着其他相同信息的两幅图像[①]

---

① Kessler G C. An Overview of Steganography for the Computer Forensics Examiner [EB/OL]. (2004-02) [2022-08-12]. https://archives. fbi.gov/archives/about-us/lab/forensic-science-communications/fsc/july2004/research/2004_03_research01.html .

图 4.1 中的两张图片不可能看出图像数据中都隐藏了如图 4.2 所示的一张地图。

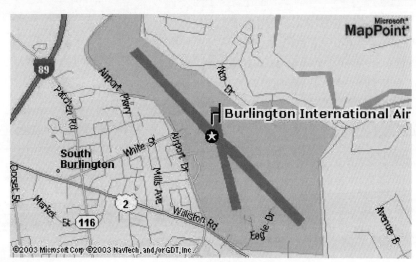

图 4.2 被隐藏的图像①

关于高维空间的稀疏性研究，出现了稀疏表示、压缩感知、矩阵填充等技术，这些技术已被广泛应用于信号处理和机器学习中。

4.2.2 高维空间数据趋于表面分布

虽然高维空间超出了我们的想象，但可以从数学的角度来推断高维空间的数学性质，以弥补想象上的不足。我们先从空间的体积来分析高维空间的性质，对于体积，这里需要把三维空间的体积推广到三维以上空间的体积，最简单的例子是立方体，假如立方体的边长为 a，在三维空间中立方体的体积是 a^3，在四维空间中立方体的体积是 a^4，以此类推，在 d 维空间中立方体的体积是 a^d，为了便于讨论，把边长归一化为 1，则所有不同维度的立方体体积均为 1，这时如果把边长缩短为 0.99，在 1000 维的空间中，它的体积为 $0.99^{1000} \approx 4.32 \times 10^{-5} = 0.000\,432\%$。

从上式可以看出，在 1000 维空间中，当边长缩短至 0.99 时，体积缩小至原体积的

---

① Kessler G C. An Overview of Steganography for the Computer Forensics Examiner [EB/OL]. (2004-02) [2022-08-12]. https://archives.fbi.gov/archives/about-us/lab/forensic-science-communications/fsc/july2004/research/2004_03_research01.html .

百万分之四左右，如果维度无穷大，则体积缩小为 0，所以，当维度很高时，边长只要略缩小，体积就会迅速塌陷。体积的意义在于一个空间中能够容纳多少物体的数量，可以想象的是，假如考虑在一个高维立方体中的样本空间分布，则样本基本上是分布在立方体中一层极薄的表面上，在这个位于立方体表面薄层以下的空间所能容纳物体的数量远远小于薄层所能容纳的数量，以至于可以忽略不计，但这并不意味着薄层以下没有体积。

如上所述高维空间立方体可以定义为超立方体，现在再来研究半径为 1 的超球体，即高维空间表面的点到原点的距离为 1 的球，超球体的体积为

$$V(d) = \frac{2\pi^{d/2}}{d\Gamma(d/2)} \tag{4.1}$$

注意，式（4.1）的 d 表示高维空间维度，其推导详见 *Foundations of Data Science* 第 1 章内容[①]。

式（4.1）中 $\Gamma(d/2)$ 为 Gamma 函数（阶乘在实数域上的推广），Gamma 函数定义为

$$\Gamma(x) = \int_0^{+\infty} t^{x-1}e^{-t}dt \quad (x > 0) \tag{4.2}$$

对于 $\Gamma(d/2)$，参考下式

$$z! = \Gamma(z+1) = \int_0^{\infty} t^z e^{-t}dt \tag{4.3}$$

可见，高维球体的体积公式是一个以 π 为底的指数除以一个阶乘函数，可以很容易证明，当维度 d 趋于无穷大时，整个算式的极限值为 0。当超球体的维度为无穷大时，它的体积为 0，这意味着超球体内部无法容纳样本，即所有的样本都分布在超球体的表面。所以可以得出结论，在高维空间中，对于呈球状分布的样本，随着维度的增大，样本会越来越多地分布在球面上。

在第 3 章中我们已经知道高斯分布数据的重要性和普遍性，接下来我们将研究每个维度数据为高斯分布的多维数据。为了降低讨论问题的复杂度，我们只讨论均值为 0、方差为 1 的高斯分布数据，其实，对于所有呈高斯分布的数据都可以通过偏移和缩放（数据归一化）得到均值为 0、方差为 1 的高斯分布数据，这不影响解决问题的效果，相反可以大大降低分析问题的复杂性，我们先看如表 4.1 的试验数据。

---

① Blum A, Hopcroft J, & Kannan R. Foundations of data science[M]. UK: Cambridge University Press, 2017: 9-10.

表 4.1　不同维度下的试验数据[①]

d	1	10	100	1000	10 000	100 000	1 000 000
$\frac{1}{n}\sum\limits_{i=1}^{n}\left\|x^{(i)}\right\|$	0.73	3.05	10.10	31.61	100.03	316.21	1000.03
$\sqrt{d}$	1.00	3.16	10.00	31.62	100.00	316.22	1000.00
方差	0.33	0.48	0.54	0.45	0.52	0.36	0.44

　　表 4.1 中的数据是在从 1 维到 100 万维的 7 种维度空间中分别随机生成的 100 个高斯分布数据，其中每个维度数据都均值为 0、方差为 1。从表 4.1 可以看出，当维度达到 10 维后，平均 2-范数（可以理解为点到原点的距离）约等于维度的平方根，这也可以通过概率统计的方法进行证明。

$$E(\|X\|^2) = E(X_1^2 + \cdots + X_d^2) = E(X_1^2) + \cdots + E(X_d^2)$$
$$= E((X_1 - E(X_1))^2) + \cdots + E((X_d - E(X_d))^2)$$
$$= V(X_1) + \cdots + V(X_d) = d$$

　　注意，上面推导过程是基于 $E(X_i)=0$ 和 $V(X_i)=1$。

　　根据高斯圆环定理，在 d 维实数域空间中，如果每个维度的数据呈均值为 0、方差为 1 的高斯分布，则有如下尾界（tail bound）概率计算公式成立[②]。

$$P[\|x\| - \sqrt{d}] \geq \varepsilon] \leq 2\exp(-c\varepsilon^2) \tag{4.4}$$

　　式（4.4）中 $0 \leq \varepsilon \leq \sqrt{d}$，$c = 1/16$，对式（4.4）进行变换可以得到下面的不等式。

$$P[\|x\| - \sqrt{d}]] \leq \varepsilon] \leq 1 - 2\exp(-c\varepsilon^2) \tag{4.5}$$

　　利用式（4.5）进行计算，当 $\varepsilon=10$ 时，$\left|\|x\| - \sqrt{d}\right| \leq 10$ 的概率在 99% 以上，即在高维空间中，若每个维度数据呈均值为 0、方差为 1 的高斯分布，空间中的点基本都是分布在半径为 $\sqrt{d}$ 的超球面上，当维数越高时，超球体的半径越大，相对于半径大小，数据在球面上的分布则显得越薄。当 $\varepsilon=4$ 时，得到一个值为负数的概率，这是高斯圆环定理的缺陷，但不影响对数据分布的粗略估计。

[①]　Wegner S A. Lecture notes on high-dimensional data [R/OL]. arXiv:2101.05841v4 [math.FA].

[②]　Wegner S A. Lecture notes on high-dimensional data [R/OL]. arXiv:2101.05841v4 [math.FA].

4.2.3 高维空间向量近似正交

在呈高斯分布的高维数据中，当维数足够多时，两点之间的距离基本一致，并且向量之间是近似正交的。

同 4.2.2 的内容，本节还是在这样的实数域高维空间中讨论，即每个维度的数据呈均值为 0、方差为 1 的高斯分布，有如下尾界概率计算公式成立[①]。

$$P\left[\left|\left\langle \frac{x}{\|x\|}, \frac{y}{\|y\|} \right\rangle\right| \geqslant \varepsilon\right] \leqslant \frac{\frac{2}{\varepsilon}+7}{\sqrt{d}} \tag{4.6}$$

上式中，$\varepsilon > 0$，$d \geqslant 1$。

取 $\varepsilon = 0.1$，$d \geqslant 100\,000$，利用式（4.6）可以计算出两点的内积小于 0.1 的概率大于 0.9，即内积小于 0.1 时，意味着两个向量的夹角为（90°±6°），所以在 10 万维以上的高维空间中，任意两个向量为近似正交。

在 4.2.2 中我们还知道在高维空间中，若每个维度的数据呈均值为 0、方差为 1 的高斯分布，则该高维空间中的点基本是分布在半径为 $\sqrt{d}$ 的超球体表面上，可以近似地认为点到原点的距离是相等的，这样我们很容易可以得出结论，若任意两个点的向量近似正交，且到原点的距离近似相等，则任意两点间的欧氏距离近似相等。

由此可以知道在高维空间中，特别是维度特别大时，利用欧氏距离分类样本已不可能。

4.3 高维空间难题的解决方法

一个事物的表征维度不是越多越好，需要聚焦于有利于解决问题的那些维度信息，可以对高维数据进行降维以降低解决问题的复杂度。降维的方法很多，其中 PCA（主成分分析）方法是较为常用的方法，如图 4.3 所示，其思想非常简单，利用数据之间具有一定相关性的特点，把相关性较大的数据缩为一个维度来表示，以此降低数据的维度。其实，从数

---

① Wegner S A. Lecture notes on high-dimensional data [R/OL]. arXiv:2101.05841v4 [math.FA].

据统计的角度更易于理解,即尽量让所选择的维度空间中的数据分布较离散,也就是选择类间方差较大的维度,因为方差越大,数据表示的特征越丰富,对分类算法越有用。

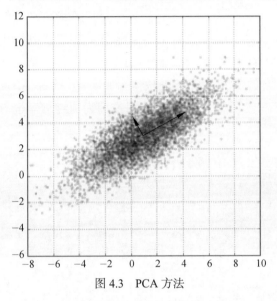

图 4.3　PCA 方法

流形学习(manifold learning)算法技术其实也可以理解为一种降维的方法,流形学习利用数据在高维空间中的分布特点,通过机器学习算法找出数据分布所在曲面的参数,如图 4.4 所示,在曲面中,两点之间的距离是沿着曲面移动的最短距离,如果把曲面展开成一个超平面,则两点之间的距离是该超平面上的直线距离,这样的超平面所需要的维度远小于数据本身所具有的维度,这样不仅可以降低计算复杂度,更可以反映数据的特点。

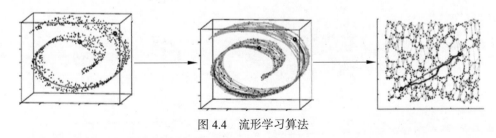

图 4.4　流形学习算法

流形学习算法技术也可以反映高维空间两点之间的真实距离(指能反映区分性的距离),而不是欧氏距离。真实距离是沿数据分布曲面运动的最短距离,该距离受制于曲面的

大圆航线（最短距离）

A、B两点都位于南半球
且位于同一条纬线上

A点到B点的最短距离是：
先东南，再东北

图 4.5　飞机航线图

扭曲程度。图 4.5 中关于飞机在地球上的最短航线图可以形象地说明高维空间的最短距离问题。

　　除了用降维的方法降低数据的复杂度，还可以采用更有效的手段来解决，利用大规模模型参数和强力计算硬件支持实现高维空间的数据分析和处理。如图 4.6 所示，Meta 数据中心是 Facebook 母公司专门为训练机器学习系统而建设的高速计算机。

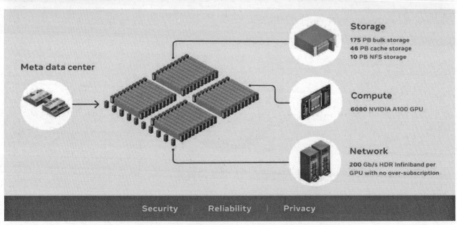

图 4.6　Facebook 母公司的 Meta 高速计算机

现在流行的深度学习技术，其神经网络的层数可以达到千万以上级别，模型参数数量更是可以达到千亿，甚至万亿级，训练的样本数据量则是以 T 为单位的数据量，所需要的计算芯片数量也是以万为单位的量级，这是预训练模型所需要的硬件和数据资源。对于超大规模深度学习模型，只有实力雄厚的大公司才具备开发深度学习预训练模型的能力，但在预训练模型基础上进行定制化训练和应用，可以大大减少训练数据量和计算资源。

降维方法虽然可以突出主要的维度信息，但是损失了细节信息，高维空间也有其有利的一面。在低维空间中，数据较稠密，这样使得在大部分情况下难以用线性的方法来划分数据，如果把数据映射到高维空间，数据就会变得稀疏，在稀疏的数据中可以较容易找到线性的方法来划分数据，从而使得原来线性不可分的数据变为线性可分，支持向量机（support vector machine，SVM）算法便是基于这样的原理。为了解决高维空间中的数据计算量太多的问题，SVM 采用核方法来简化计算。核方法是利用原来数据的维度来计算高维数据的向量积，核方法中的参数需要通过样本数据学习训练出来。SVM 算法训练过程是一个凸优化的过程，只要训练样本和核函数的选择固定，则训练结果是固定的，不像神经网络算法模型需要通过改变参数设置进行多次训练，这样才能挑选出最佳的训练结果模型。在较少的训练样本数量下，SVM 算法的训练效果总可以比其他算法模型要好。

如图 4.7 所示，在 SVM 算法中，核方法用于处理非线性可分的数据。核方法通过将数据从原始特征空间映射到一个高维特征空间，使得原本线性不可分的数据在新的特征空间中变得线性可分。核方法的核心思想是通过定义一个核函数（kernel function），以此计算两个样本在高维特征空间中的内积，这样可以在原始特征空间中直接使用核函数计算样本之间的相似度，而无须显式地进行高维特征空间的计算。常用的核函数有线性核函数、多项式核函数、高斯核函数（也称径向基函数，radial basis function，RBF）等，这些核函数具有不同的特性和适用范围。以高斯核函数为例，它可以将数据映射到无穷维的特征空间中，高斯核函数的计算方法是基于样本之间的欧氏距离，通过指数函数将距离转化为相似度。高斯核函数为

$$K(\boldsymbol{x}, \boldsymbol{y}) = \exp(-\gamma \|\boldsymbol{x} - \boldsymbol{y}\|^2) \tag{4.7}$$

上式中，$\boldsymbol{x}$ 和 $\boldsymbol{y}$ 表示样本向量，$\|\boldsymbol{x} - \boldsymbol{y}\|$ 表示欧氏距离，γ 是高斯核函数的一个参数，该参数用于控制样本之间的相似度衰减速度。

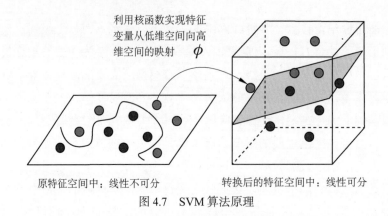

图 4.7　SVM 算法原理

通过使用核函数，SVM 算法可以在高维特征空间构建一个最优的超平面，以此将不同类别的样本分开，这样即使在原始特征空间中数据不是线性可分的，也可以通过核方法将其转化为线性可分的数据。核方法的优点是能够处理非线性可分的数据，并且避免了显式地计算高维特征空间的数据。然而，选择合适的核函数和调整核函数的参数是核方法的关键挑战之一，不同的核函数选择可能会对 SVM 的性能产生影响，需要根据具体问题进行调优。

4.4　高维空间数学理论应用案例

为了深入理解高维空间，本节将介绍如何利用压缩感知方法实现运动物体跟踪。

4.4.1　JL 引理

可以这样通俗地理解 JL 引理（Johnson-Lindenstrauss lemma）：高维空间数据可以通过一个随机矩阵投影到低维空间中，并且可以在很大概率上不影响向量的距离。它是基于高斯圆环定理的引理，所以 JL 引理的基本数据条件也一样，即所有维度的数据都是均值为 0、方差为 1 的高斯分布数据。

JL 引理的完整数学描述是任意两个 d 维空间（R^d，每个维度数据呈均值为 0、方差为 1

的高斯分布）中的向量 $\boldsymbol{x}_i$ 和 $\boldsymbol{x}_j$ 通过随机矩阵 $\boldsymbol{U}$ 投影到 k 维空间中，且 $k \geqslant \dfrac{48}{\varepsilon^2}$ $\ln(n)$（其中 $0 < \varepsilon < 1$，$n \geqslant 1$），随机矩阵 $\boldsymbol{U} \in \mathrm{R}^{d \times k}$，并且随机矩阵中的数据也是均值为 0、方差为 1 的高斯分布，投影后的两个低维向量的距离符合如下概率公式。

$$P[(1-\varepsilon)\|\boldsymbol{x}_i - \boldsymbol{x}_j\| \leqslant \|\boldsymbol{T}_U \boldsymbol{x}_i - \boldsymbol{T}_u \boldsymbol{x}_j\| \leqslant (1+\varepsilon)\|\boldsymbol{x}_i - \boldsymbol{x}_j\|] \geqslant 1 - \frac{1}{n} \tag{4.8}$$

上式中 T_u 表示 JL 引理随机投影矩阵（从 d 维到 k 维的投影）。

根据式（4.8）可以看出，当 n 较大时，投影之后的低维向量之间的距离与原向量之间的距离在很大概率上相差不大。

4.4.2　压缩感知

压缩感知（compressed sensing）又称压缩采样、稀疏采样或压缩传感，这概念出现于 2004 年，压缩感知是对这样的一长串晦涩术语的通俗缩写：通过对信号的高度不完备线性测量的高精确的重建。其实，压缩感知也是一种数据压缩思想，但与其他压缩算法不同的是，普通压缩算法是根据数据的特点，通过去除冗余的信息达到压缩的目的，而压缩感知不需要得到完整数据就可以直接通过压缩方式获取数据，即通过压缩的方式直接感知数据。如对于一个具有很多传感器的数据采集场景，通过压缩感知技术，只取其中部分传感器数据即可得到所需的充分数据，这种方法也可用于解决部分传感器出现的丢失、断电和数据异常的问题。压缩感知这种新思想一出现便得到了广泛关注，并于 2007 年被美国科技界评为十大科技进展之一。

压缩感知最初是为了信号的处理而提出的，利用信号在某个变换域（如频域）的稀疏性（即在某个变换域中非零点远远小于信号总点数），并且观测矩阵（随机投影矩阵）和稀疏表示基（如小波基）不相关，即可采用随机采样的方法对原始信号进行压缩。数学家陶哲轩和 Candès 进一步证明了，独立同分布的高斯随机测量矩阵可以成为普适的压缩感知测量矩阵，这为压缩感知的应用打下了数学理论基础，使得压缩感知可以得到更为广泛的应用。

从压缩感知理论中应用的随机投影矩阵概念，可以看出压缩感知的基本数学理论是 JL 引理，是 JL 引理的一个应用。

4.4.3　利用随机投影获取图像特征

有了前面的理论基础，现在通过一个实现运动物体跟踪的案例来更好地理解那些抽象的数学理论，这里通过理解论文 *Real-Time Compressive Tracking*[①] 来为形象地了解随机投影在图像识别技术中的应用。图 4.8 是一个通过随机投影压缩图像特征数量的过程。

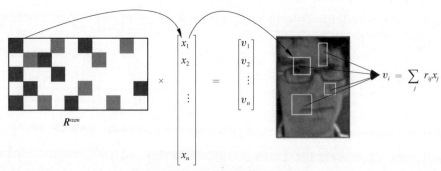

图 4.8　图像特征随机投影抽取方法[①]

图 4.8 中 $R^{n \times m}$ 为一个随机矩阵，一个图像区块中可以有 m 种小于等于该图像区域大小的子区域，把子区域中的图像像素值总和作为特征（Harar 特征），则有 m 个特征，每次随机抽取 $2 \sim 4$ 个特征（抽取的个数也随机），并且为每个特征设置一个随机权重，共作 n 次，这样就建立了一个随机矩阵。图 4.8 中的 $R^{n \times m}$ 展示图可以形象地表示一个随机矩阵，图中的空白区块为未被随机选中的特征（也可以表示权重为 0），其他不同灰度的区块为被随机选中的特征，不同的灰度表示不同的权重。

图 4.8 中 $x_1 \sim x_m$ 为原有 m 个特征（m 个子区域的像素值和），m 个特征组成一个维度为 m 的向量，把随机矩阵与该向量相乘则可以得到维度为 n 的向量，n 是一个远远小于 m 的数值，这样就把高维的向量投影到低维的向量，从而大大减少了特征表示数量。

为了保证随机矩阵是一个高斯分布（均值为 0，方差为 1）的矩阵，矩阵中每一行的特征选择个数采用随机设置方法，矩阵中的权重也采用随机生成方法，假设每一行的特征随机选择个数为 S，则权重随机数计算方法如下式。

---

① Zhang K, Zhang L, & Yang M H. Real-time compressive tracking [C]. A. Fitzgibbon et al. (Eds.), Europe an Conference on Computer Vision 2012, Part III, LNCS 7574,p. 870

$$r_{ij} = \frac{(-1)^{RNG(0,2)}}{\sqrt{S}} \qquad (4.9)$$

式（4.9）中，*RNG* 表示取随机数方法。

利用呈高斯分布的随机投影矩阵获取的特征值也是一个高斯分布的数据，计算特征值的均值（μ）和方差（σ^2），利用贝叶斯概率公式计算该特征值属于正/负样本的概率如下式。

$$p(x) = \frac{1}{\sqrt{2\pi}} \exp(-\frac{(x-\mu)^2}{2\sigma^2}) \qquad (4.10)$$

4.4.4　利用随机投影获取到的特征值进行运动物体跟踪的方法

运动物体跟踪算法的一般步骤如下。

步骤一，利用物体检测算法检测目标物体，然后学习目标物体的特征和背景特征。

步骤二，根据学习到的目标物体特征判断当前图像中与特征匹配度最高的图像区块作为跟踪目标的当前运动位置。

步骤三，利用跟踪到的新图像区域更新目标物体特征参数，以此逐渐适应运动物体的变化。

上面步骤中，步骤一为初始化过程，步骤二和步骤三为循环过程，在这些过程中关键的技术点是如何表达运动物体的特征、如何做特征比较和如何更新识别参数模型。

在 4.4.3 节已经解决了运动物体的特征提取，由于只需做特征值的大小比较，以此判断是否为目标物体，并不在乎特征值大小的实际意义，这样就可以采用朴素贝叶斯概率（naive Bayes）计算方法，计算 50 个特征为正样本（跟踪目标）的概率如下式。

$$p(x) = \prod_{i=1}^{50} p(x_i \mid y=1)p(y=1) \qquad (4.11)$$

为了把相乘计算转换为相加计算，以避免计算机在计算过程中因数据多次相乘后过大导致的溢出或数据相乘后过小导致的数据精度失真问题，需要对相乘结果做对数运算，并且这样做不会影响后面的数值大小比较，如下式。

$$p(x) = \lg(\prod_{i=1}^{50} p(x_i)) = \sum_{i=1}^{50} \lg(p(x_i)) \qquad (4.12)$$

特征值比较方法很简单。比较特征值为正负样本（分别为跟踪物体和背景）的概率大小，如果为正样本的概率比为负样本的概率大，则为正样本，否则为负样本，论文中采用相除的方法进行大小比较，如下式。

$$H(V) = \lg\left(\frac{\prod_{i=1}^{n} p(v_i \mid y=1)p(y=1)}{\prod_{i=1}^{n} p(v_i \mid y=0)p(y=0)}\right) = \sum_{i=1}^{n} \lg\left(\frac{p(v_i \mid y=1)}{p(v_i \mid y=0)}\right) \tag{4.13}$$

式（4.13）中的化简过程是假定正负样本的出现概率是相等的。

由于正负样本的特征值分布都是高斯分布，且识别算法是基于贝叶斯概率模型，所以对于识别算法模型只要更新均值和方差两个参数即可。更新方法采用迭代的方法进行更新，这是为了防止参数剧烈波动而导致的识别算法模型偏差过大，在检测出新的运动物体区域位置后，重新计算正负样本的特征均值和方差，然后与上次计算出来的均值和方差进行迭代计算得到新的均值和方差，在下一次的检测中利用新的均值和方差进行概率计算，迭代方法如下式。

$$\mu_i = \lambda\mu_i + (1-\lambda)\mu_i' \tag{4.14}$$

$$\sigma_i = \sqrt{\lambda(\sigma_i)^2 + (1-\lambda)(\sigma_i')^2 + \lambda(1-\lambda)(\mu_i - \mu_i')^2} \tag{4.15}$$

式（4.14）和（4.15）中，λ 为学习率，μ_i、σ_i 为计算特征值概率时用的均值（初值为0）和方差（初值为1），μ_i'、σ_i' 为当前图像中的特征值的均值和方差，下标 i 为随机投影后的特征序号。

这是一个数学上较复杂的算法，但在程序实现上非常简单，仅用了不到三百行代码即可实现所有算法流程。当然，这仅是一个算法思想的实践，若要达到可以实际应用的程度，还有很多工程上的细节需要完善，如所涉及算法参数的优化、检测框的选择、分类算法的改进等。

如果对上面抽象的理论描述无法理解，则可以通过阅读下面的 C++代码来加深理解。

压缩感知跟踪算法类设计示例代码如下。

```
/****************************************************************
* File: CompressiveTracker.h
* Brief: C++ demo for paper: Kaihua Zhang, Lei Zhang, Ming-Hsuan
Yang,"Real-Time Compressive Tracking," ECCV 2012.
* Version: 1.0
* Author: Yang Xian
* Email: yang_xian521@163.com
* Date: 2012/08/03
* History:
* Revised by Kaihua Zhang on 14/8/2012, 23/8/2012
* Email: zhkhua@gmail.com
* Homepage: http://www4.comp.polyu.edu.hk/~cskhzhang/
```

```
* Project Website: http://www4.comp.polyu.edu.hk/~cslzhang/CT/CT.htm
*************************************************************************
/
#pragma once
#include <opencv2/core/core.hpp>
#include <opencv2/imgproc/imgproc.hpp>
#include <vector>

using std::vector;
using namespace cv;
//-------------------------------------------------
class CompressiveTracker
{
public:
    CompressiveTracker(void);
    ~CompressiveTracker(void);

private:
    int featureMinNumRect;
    int featureMaxNumRect;
    int featureNum;
    vector<vector<Rect>> features;
    vector<vector<float>> featuresWeight;
    int rOuterPositive;
    vector<Rect> samplePositiveBox;
    vector<Rect> sampleNegativeBox;
    int rSearchWindow;
    Mat imageIntegral;
    Mat samplePositiveFeatureValue;
    Mat sampleNegativeFeatureValue;
    vector<float> muPositive;
    vector<float> sigmaPositive;
    vector<float> muNegative;
    vector<float> sigmaNegative;
    float learnRate;
    vector<Rect> detectBox;
    Mat detectFeatureValue;
```

```
    RNG rng;

private:
    void HaarFeature(Rect& _objectBox, int _numFeature);
    void sampleRect(Mat& _image, Rect& _objectBox, float _rInner, float
_rOuter, int _maxSampleNum, vector<Rect>& _sampleBox);
    void sampleRect(Mat& _image, Rect& _objectBox, float _srw,
vector<Rect>& _sampleBox);
    void getFeatureValue(Mat& _imageIntegral, vector<Rect>& _sampleBox,
Mat& _sampleFeatureValue);
    void classifierUpdate(Mat& _sampleFeatureValue, vector<float>& _mu,
vector<float>& _sigma, float _learnRate);
    void radioClassifier(vector<float>& _muPos, vector<float>& _sigmaPos,
vector<float>& _muNeg, vector<float>& _sigmaNeg,
                         Mat& _sampleFeatureValue, float& _radioMax, int&
_radioMaxIndex);
public:
    void processFrame(Mat& _frame, Rect& _objectBox);
    void init(Mat& _frame, Rect& _objectBox);
};
```

压缩感知跟踪算法类实现方法如下。

```
#include "CompressiveTracker.h"
#include <math.h>
#include <iostream>
using namespace cv;
using namespace std;

//--------------------------------------------------
CompressiveTracker::CompressiveTracker(void)
{
    featureMinNumRect = 2;
    featureMaxNumRect = 4;  // number of rectangle from 2 to 4
    featureNum = 50; // number of all weaker classifiers, i.e,feature pool
    rOuterPositive = 4; // radical scope of positive samples
    rSearchWindow = 25; // size of search window
    muPositive = vector<float>(featureNum, 0.0f);
```

```
    muNegative = vector<float>(featureNum, 0.0f);
    sigmaPositive = vector<float>(featureNum, 1.0f);
    sigmaNegative = vector<float>(featureNum, 1.0f);
    learnRate = 0.85f;  // Learning rate parameter
}


CompressiveTracker::~CompressiveTracker(void)
{
}



void CompressiveTracker::HaarFeature(Rect& _objectBox, int _numFeature)
/*Description: compute Haar features
 Arguments:
 -_objectBox: [x y width height] object rectangle
 -_numFeature: total number of features.The default is 50.
*/
{
    features = vector<vector<Rect>>(_numFeature, vector<Rect>());
    featuresWeight = vector<vector<float>>(_numFeature, vector<float>());

    int numRect;
    Rect rectTemp;
    float weightTemp;

    for (int i=0; i<_numFeature; i++)
    {
        numRect = cvFloor(rng.uniform((double)featureMinNumRect, (double)
featureMaxNumRect));

        for (int j=0; j<numRect; j++)
        {

            rectTemp.x              =               cvFloor(rng.uniform(0.0,
(double)(_objectBox.width - 3)));
            rectTemp.y              =               cvFloor(rng.uniform(0.0,
(double)(_objectBox.height - 3)));
```

```
                rectTemp.width              =              cvCeil(rng.uniform(0.0,
(double)(_objectBox.width - rectTemp.x - 2)));
                rectTemp.height             =              cvCeil(rng.uniform(0.0,
(double)(_objectBox.height - rectTemp.y - 2)));
                features[i].push_back(rectTemp);

                weightTemp = (float)pow(-1.0, cvFloor(rng.uniform(0.0, 2.0)))
/ sqrt(float(numRect));
                featuresWeight[i].push_back(weightTemp);


            }
        }
}


void CompressiveTracker::sampleRect(Mat& _image, Rect& _objectBox, float
_rInner, float _rOuter, int _maxSampleNum, vector<Rect>& _sampleBox)
/* Description: compute the coordinate of positive and negative sample
image templates
    Arguments:
    -_image:         processing frame
    -_objectBox:     recent object position
    -_rInner:        inner sampling radius
    -_rOuter:        Outer sampling radius
    -_maxSampleNum: maximal number of sampled images
    -_sampleBox:     Storing the rectangle coordinates of the sampled images.
*/
{
    int rowsz = _image.rows - _objectBox.height - 1;
    int colsz = _image.cols - _objectBox.width - 1;
    float inradsq = _rInner*_rInner;
    float outradsq = _rOuter*_rOuter;


    int dist;

    int minrow = max(0,(int)_objectBox.y-(int)_rInner);
```

```
    int maxrow = min((int)rowsz-1,(int)_objectBox.y+(int)_rInner);
    int mincol = max(0,(int)_objectBox.x-(int)_rInner);
    int maxcol = min((int)colsz-1,(int)_objectBox.x+(int)_rInner);



    int i = 0;

  float prob = ((float)(_maxSampleNum))/(maxrow-minrow+1)/(maxcol-mincol+1);

    int r;
    int c;

  _sampleBox.clear();//important
  Rect rec(0,0,0,0);

  for( r=minrow; r<=(int)maxrow; r++ )
      for( c=mincol; c<=(int)maxcol; c++ ){
          dist = (_objectBox.y-r)*(_objectBox.y-r) + (_objectBox.x-c)*
(_objectBox.x-c);

          if( rng.uniform(0.,1.)<prob && dist < inradsq && dist >=
outradsq ){

            rec.x = c;
              rec.y = r;
              rec.width = _objectBox.width;
              rec.height= _objectBox.height;

            _sampleBox.push_back(rec);

              i++;
          }
      }

      _sampleBox.resize(i);
```

```
}

void CompressiveTracker::sampleRect(Mat& _image, Rect& _objectBox, float
_srw, vector<Rect>& _sampleBox)
/* Description: Compute the coordinate of samples when detecting the
object.*/
{
    int rowsz = _image.rows - _objectBox.height - 1;
    int colsz = _image.cols - _objectBox.width - 1;
    float inradsq = _srw*_srw;


    int dist;

    int minrow = max(0,(int)_objectBox.y-(int)_srw);
    int maxrow = min((int)rowsz-1,(int)_objectBox.y+(int)_srw);
    int mincol = max(0,(int)_objectBox.x-(int)_srw);
    int maxcol = min((int)colsz-1,(int)_objectBox.x+(int)_srw);

    int i = 0;

    int r;
    int c;

    Rect rec(0,0,0,0);
    _sampleBox.clear();//important

    for( r=minrow; r<=(int)maxrow; r++ )
        for( c=mincol; c<=(int)maxcol; c++ ){
            dist = (_objectBox.y-r)*(_objectBox.y-r) + (_objectBox.x-
c)*(_objectBox.x-c);

            if( dist < inradsq ){

                rec.x = c;
                rec.y = r;
                rec.width = _objectBox.width;
```

```
                    rec.height= _objectBox.height;

                    _sampleBox.push_back(rec);

                    i++;
                }
            }

        _sampleBox.resize(i);

}
// 计算样本特征
void  CompressiveTracker::getFeatureValue(Mat&  _imageIntegral,  vector
<Rect>& _sampleBox, Mat& _sampleFeatureValue)
{
    int sampleBoxSize = _sampleBox.size();
    _sampleFeatureValue.create(featureNum, sampleBoxSize, CV_32F);
    float tempValue;
    int xMin;
    int xMax;
    int yMin;
    int yMax;

    for (int i=0; i<featureNum; i++)
    {
        for (int j=0; j<sampleBoxSize; j++)
        {
            tempValue = 0.0f;
            for (size_t k=0; k<features[i].size(); k++)
            {
                xMin = _sampleBox[j].x + features[i][k].x;
                xMax = _sampleBox[j].x + features[i][k].x + features[i]
[k].width;
                yMin = _sampleBox[j].y + features[i][k].y;
                yMax = _sampleBox[j].y + features[i][k].y + features[i]
[k].height;
                tempValue += featuresWeight[i][k] *
```

```
                             (_imageIntegral.at<float>(yMin, xMin) +
                             _imageIntegral.at<float>(yMax, xMax) -
                             _imageIntegral.at<float>(yMin, xMax) -
                             _imageIntegral.at<float>(yMax, xMin));
            }
            _sampleFeatureValue.at<float>(i,j) = tempValue;
        }
    }
}


// 更新高斯分类器的均值和方差
void    CompressiveTracker::classifierUpdate(Mat&    _sampleFeatureValue,
vector<float>& _mu, vector<float>& _sigma, float _learnRate)
{
    Scalar muTemp;
    Scalar sigmaTemp;

    for (int i=0; i<featureNum; i++)
    {
        meanStdDev(_sampleFeatureValue.row(i), muTemp, sigmaTemp);

        _sigma[i] = (float)sqrt( _learnRate*_sigma[i]*_sigma[i]    +
(1.0f-_learnRate)*sigmaTemp.val[0]*sigmaTemp.val[0]
                + _learnRate*(1.0f-_learnRate)*(_mu[i]-muTemp.val[0])*
(_mu[i]-muTemp.val[0]));    // equation 6 in paper

        _mu[i] = _mu[i]*_learnRate + (1.0f-_learnRate)*
muTemp.val[0];    // equation 6 in paper
    }
}


// 计算比率分类器
void CompressiveTracker::radioClassifier(vector<float>& _muPos,
vector<float>& _sigmaPos,
vector<float>& _muNeg,
vector<float>& _sigmaNeg,
                                  Mat& _sampleFeatureValue,
```

```
float& _radioMax,
 int& _radioMaxIndex)
{
    float sumRadio;
    _radioMax = -FLT_MAX;
    _radioMaxIndex = 0;
    float pPos;
    float pNeg;
    int sampleBoxNum = _sampleFeatureValue.cols;

    for (int j=0; j<sampleBoxNum; j++)
    {
        sumRadio = 0.0f;
        for (int i=0; i<featureNum; i++)
        {
            pPos = exp( (_sampleFeatureValue.at<float>(i,j)-_muPos[i])*
(_sampleFeatureValue.at<float>(i,j)-_muPos[i])             /        -
(2.0f*_sigmaPos[i]*_sigmaPos[i]+1e-30) ) / (_sigmaPos[i]+1e-30);
            pNeg = exp( (_sampleFeatureValue.at<float>(i,j)-_muNeg[i])*
(_sampleFeatureValue.at<float>(i,j)-_muNeg[i])             /        -
(2.0f*_sigmaNeg[i]*_sigmaNeg[i]+1e-30) ) / (_sigmaNeg[i]+1e-30);
            sumRadio += log(pPos+1e-30) - log(pNeg+1e-30); // equation 4
        }
        if (_radioMax < sumRadio)
        {
            _radioMax = sumRadio;
            _radioMaxIndex = j;
        }
    }
}
void CompressiveTracker::init(Mat& _frame, Rect& _objectBox)
{
    // 计算特征模板
    HaarFeature(_objectBox, featureNum);

    // 计算样本模板
```

```
    sampleRect(_frame, _objectBox, rOuterPositive, 0, 1 000 000, sample
PositiveBox);
    sampleRect(_frame, _objectBox, rSearchWindow*1.5, rOuterPositive+4.0,
100, sampleNegativeBox);

    integral(_frame, imageIntegral, CV_32F);

    getFeatureValue(imageIntegral,                         samplePositiveBox,
samplePositiveFeatureValue);
    getFeatureValue(imageIntegral,                         sampleNegativeBox,
sampleNegativeFeatureValue);
    classifierUpdate(samplePositiveFeatureValue,            muPositive,
sigmaPositive, learnRate);
    classifierUpdate(sampleNegativeFeatureValue,            muNegative,
sigmaNegative, learnRate);
}
void CompressiveTracker::processFrame(Mat& _frame, Rect& _objectBox)
{
    // 预测
    sampleRect(_frame, _objectBox, rSearchWindow,detectBox);
    integral(_frame, imageIntegral, CV_32F);
    getFeatureValue(imageIntegral, detectBox, detectFeatureValue);
    int radioMaxIndex;
    float radioMax;
    radioClassifier(muPositive, sigmaPositive, muNegative, sigmaNegative,
detectFeatureValue, radioMax, radioMaxIndex);
    _objectBox = detectBox[radioMaxIndex];

    // 更新
    sampleRect(_frame, _objectBox, rOuterPositive, 0.0, 1 000 000, sample
PositiveBox);
    sampleRect(_frame, _objectBox, rSearchWindow*1.5, rOuterPositive+4.0, 100,
sampleNegativeBox);

    getFeatureValue(imageIntegral, samplePositiveBox, samplePositiveFeature
Value);
```

```
    getFeatureValue(imageIntegral, sampleNegativeBox, sampleNegativeFeature
Value);
    classifierUpdate(samplePositiveFeatureValue, muPositive, sigmaPositive,
learnRate);
    classifierUpdate(sampleNegativeFeatureValue, muNegative, sigmaNegative,
learnRate);
}
```

压缩感知跟踪类应用方法如下。

```
/***************************************************************
* File: RunTracker.cpp
* Brief: C++ demo for paper: Kaihua Zhang, Lei Zhang, Ming-Hsuan Yang,"Real-
Time Compressive Tracking," ECCV 2012.
* Version: 1.0
* Author: Yang Xian
* Email: yang_xian521@163.com
* Date: 2012/08/03
* History:
* Revised by Kaihua Zhang on 14/8/2012, 23/8/2012
* Email: zhkhua@gmail.com
* Homepage: http://www4.comp.polyu.edu.hk/~cskhzhang/
* Project Website: http://www4.comp.polyu.edu.hk/~cslzhang/CT/CT.htm
***************************************************************
/
#include <opencv2/core/core.hpp>
#include <opencv2/highgui/highgui.hpp>
#include <iostream>
#include <fstream>
#include <sstream>
#include <stdio.h>
#include <string.h>
#include "CompressiveTracker.h"

using namespace cv;
using namespace std;
```

```
void readConfig(char* configFileName, char* imgFilePath, Rect &box);
/* Description: read the tracking information from file "config.txt"
   Arguments:
   -configFileName: config file name
   -ImgFilePath:    Path of the storing image sequences
   -box:            [x y width height] intial tracking position
   History: Created by Kaihua Zhang on 15/8/2012
*/
void readImageSequenceFiles(char* ImgFilePath,vector <string> &imgNames);
/* Description: search the image names in the image sequences
   Arguments:
   -ImgFilePath: path of the image sequence
   -imgNames:  vector that stores image name
   History: Created by Kaihua Zhang on 15/8/2012
*/

int main(int argc, char * argv[])
{

    char imgFilePath[100];
    char  conf[100];
    strcpy(conf,"./config.txt");

    char tmpDirPath[MAX_PATH+1];

    Rect box; // [x y width height] tracking position

    vector <string> imgNames;

    readConfig(conf,imgFilePath,box);
    readImageSequenceFiles(imgFilePath,imgNames);

    // CT framework
    CompressiveTracker ct;

    Mat frame;
    Mat grayImg;
```

```
    sprintf(tmpDirPath, "%s/", imgFilePath);
    imgNames[0].insert(0,tmpDirPath);
    frame = imread(imgNames[0]);
    cvtColor(frame, grayImg, CV_RGB2GRAY);
    ct.init(grayImg, box);

    char strFrame[20];

  FILE* resultStream;
    resultStream = fopen("TrackingResults.txt", "w");
    fprintf
(resultStream,"%i %i %i %i\n",(int)box.x,(int)box.y,(int)box.width,(int)
box.height);

    for(int i = 1; i < imgNames.size()-1; i ++)
    {

        sprintf(tmpDirPath, "%s/", imgFilePath);
      imgNames[i].insert(0,tmpDirPath);

        frame = imread(imgNames[i]);// get frame
        cvtColor(frame, grayImg, CV_RGB2GRAY);

        ct.processFrame(grayImg, box);// Process frame

        rectangle(frame, box, Scalar(200,0,0),2);// Draw rectangle

        fprintf (resultStream,"%i %i %i %i\n",
(int)box.x,(int)box.y,(int)box.width,(int)box.height);

        sprintf(strFrame, "#%d ",i) ;

        putText(frame,strFrame,cvPoint(0,20),2,1,CV_RGB(25,200,25));

        imshow("CT", frame);// Display
        waitKey(1);
```

```
    }
    fclose(resultStream);

    return 0;
}

void readConfig(char* configFileName, char* imgFilePath, Rect &box)
{
    int x;
    int y;
    int w;
    int h;

    fstream f;
    char cstring[1000];
    int readS=0;

    f.open(configFileName, fstream::in);

    char param1[200]; strcpy(param1,"");
    char param2[200]; strcpy(param2,"");
    char param3[200]; strcpy(param3,"");

    f.getline(cstring, sizeof(cstring));
    readS=sscanf (cstring, "%s %s %s", param1,param2, param3);

    strcpy(imgFilePath,param3);

    f.getline(cstring, sizeof(cstring));
    f.getline(cstring, sizeof(cstring));
    f.getline(cstring, sizeof(cstring));

    readS=sscanf (cstring, "%s %s %i %i %i %i", param1,param2, &x, &y, &w, &h);

    box = Rect(x, y, w, h);

}
```

```
void readImageSequenceFiles(char* imgFilePath,vector <string> &imgNames)
{
    imgNames.clear();

    char tmpDirSpec[MAX_PATH+1];
    sprintf (tmpDirSpec, "%s/*", imgFilePath);

    WIN32_FIND_DATA f;
    HANDLE h = FindFirstFile(tmpDirSpec , &f);
    if(h != INVALID_HANDLE_VALUE)
    {
        FindNextFile(h, &f);    //read ..
        FindNextFile(h, &f);    //read .
        do
        {
            imgNames.push_back(f.cFileName);
        } while(FindNextFile(h, &f));

    }
    FindClose(h);
}
```

第 5 章
数据之间存在千丝万缕的联系

现实世界中展现的信息不是孤立存在的，各种各样的信息数据之间存在着千丝万缕的联系。这为算法设计提供了很多思路。利用数据之间的联系，我们可以利用马尔可夫概率模型、知识图谱、强化学习等数学模型和算法思想去解决数据的应用问题。本章将从数据关系的角度分析和讨论算法设计问题。

5.1　上下文关系

如果数据之间存在时间上的先后顺序关系，就是我们通常所说的上下文关系，如在文本信息中的字与字之间，词与词之间，句子与句子之间，段落与段落之间，这些关系都属于上下文关系。存在上下文关系的数据，可以利用已经出现的数据预测后面还未发现或未确定的数据，如中文的分词技术、OCR 后处理技术、天气预报等。数据的上下文关系是非常常见的现象，在算法设计前的数据分析和处理过程中也需要考虑到数据之间的顺序关系，不要孤立地分析和处理，否则难以提升算法实现效果，甚至出现"断章取义"的不合理情况。

处理具备上下文关系的数据，最简单的算法是马尔可夫链（Markov chain），如可以把马尔可夫链概率模型应用于简单的天气预测中，根据今天的天气情况，预测明天乃至后天的天气情况（生活中的天气预报可以利用的信息更多，预测算法更为复杂），天气变化概率如图 5.1 所示。

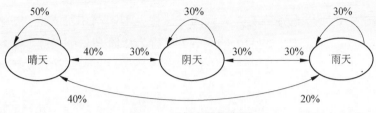

图 5.1　天气变化概率图

　　图 5.1 中椭圆为状态, 箭头的指向表示从一个状态到另一个状态的变化方向, 箭头上方的数据表示状态转移的概率, 概率数据由大量的天气数据统计计算出来。利用图 5.1 所示概率, 我们可以预测明天和后天的天气情况出现概率。如果今天为晴天, 则明天为晴天的概率是 50%, 为阴天的概率是 30%, 为雨天的概率是 20%。

　　后天天气情况的概率略复杂, 需要计算。如果今天为晴天, 则后天的天气状态出现概率计算方法如下。

> 晴天➡晴天➡晴天：$0.5 \times 0.5 = 0.25$
>
> 晴天➡阴天➡晴天：$0.3 \times 0.4 = 0.12$
>
> 晴天➡雨天➡晴天：$0.2 \times 0.4 = 0.08$
>
> 晴天➡晴天➡阴天：$0.5 \times 0.3 = 0.15$
>
> 晴天➡阴天➡阴天：$0.3 \times 0.3 = 0.09$
>
> 晴天➡雨天➡阴天：$0.2 \times 0.3 = 0.06$
>
> 晴天➡晴天➡雨天：$0.5 \times 0.2 = 0.1$
>
> 晴天➡阴天➡雨天：$0.3 \times 0.3 = 0.09$
>
> 晴天➡雨天➡雨天：$0.2 \times 0.3 = 0.06$

　　有了上面的数据就可以得到后天天气情况出现的概率。

> 后天为晴天的概率是：$0.25 + 0.12 + 0.08 = 0.45$
>
> 后天为阴天的概率是：$0.15 + 0.09 + 0.06 = 0.3$
>
> 后天为雨天的概率是：$0.1 + 0.09 + 0.06 = 0.25$

上面的例子中，可以把预测明天天气的方法称为 1-阶马尔可夫链，在自然语言处理（NLP）中又称为 bigram；把预测后天的天气方法称为 2-阶马尔可夫链，在 NLP 中又称为 trigram。这是一个非常简单的预测方法，但有助于我们形成对马尔可夫概率模型的直观理解。

马尔可夫概率模型中有一种更为复杂的概率模型——隐马尔可夫模型（hidden Markov model，HMM），隐马尔可夫模型用于处理出现状态无法直接观测但与状态相关联的现象可以观测的情况。如在光学字符识别（optical character recognition，OCR）算法中，一个待识别的文字图像经过图像处理和分析，得到的是每个字符的图像特征，但在每个特征下会有很多与特征相似的不同字符，这些不同的字符，对于计算机来说无法直接观测出来，它们为隐含状态，在算法系统中称为候选字。而字符的图像特征是可以观测出来的，为可观测状态，如何利用可观测状态去选择最佳的隐含状态就是隐马尔可夫模型所能做的事。从候选字中选择最佳的字符作为识别结果，这是 OCR 后处理模块的功能，是字符识别过程中非常重要的处理环节，图 5.2 为 OCR 后处理算法模型示例。

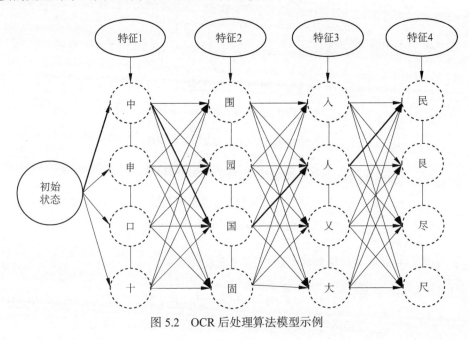

图 5.2　OCR 后处理算法模型示例

图 5.2 是对一个写有"中国人民"的图像 OCR 后处理算法模型示例，图像经过切割和

模式识别后得到四个特征的识别结果，特征 1~特征 4 为可观测状态，每个特征被识别出最为相似的四个候选字，这些候选字为不可见的隐状态，每个候选字具有一个相似度。由于图像变形和模式识别算法的不足，相似度最大的候选字并不一定是图像所表达的字符，如果不经进一步处理，仅以相似度最大为识别结果，则识别结果为"中围入民"，这显然不是我们想要的结果，这个时候就需要利用文字的上下文信息对识别结果进行修正。

图 5.2 中从左向右指向的箭头是初始状态和隐状态中各状态之间的转移概率，初始状态至隐状态的转移概率一般设置为 1，对大量文本进行统计，可以得到词频，然后把词频归一化为概率，这概率即为转移概率。从图 5.2 可以看出，从初始状态到最后一组隐状态有16 384（4×16×16×16）条马尔可夫链，需要从中找出一条概率最大的马尔可夫链，即

$$MAX\{\prod_{i=1}^{n}(T_i \times S_i)\}$$

上式中，T_i 表示转移概率，S_i 表示隐状态出现概率，即该示例中的字符相似度。

寻找概率最大的马尔可夫链，最简单直接的方式是遍历所有可能路径，但在需要识别的字符较多时，遍历的路径很快就可以增加到上百万甚至上千万条，这是让人无法忍受的。通用的做法是采用 Viterbi 算法，这是一个回溯算法的应用，利用该算法可以大大减少数据计算量。

这种寻找概率最大的路径也称为马尔可夫决策过程（Markov decision process，MDP），这很容易让我们联想到另一种机器学习算法——强化学习（reinforcement learning，RL）。强化学习技术应用更为广泛和深入，如战胜人类围棋顶级大师的围棋机器人 AlphaGo，其采用的蒙特卡洛算法便是强化学习的一种算法技术。强化学习是有别于监督学习和非监督学习的第三类机器学习算法，其思想来源于心理学的行为主义理论。巴甫洛夫的条件反射学说是行为主义心理学的理论基础，巴甫洛夫的条件反射实验类似驯狗的过程，在狗做出某个规定动作后给予奖励（食物），通过多次重复这样的过程，就可以让狗从无条件反射转为条件反射。强化学习也是一个类似的过程，其应用于具备如图 5.3 所示条件的场景中。

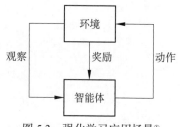

图 5.3　强化学习应用场景[1]

计算机游戏是一个可用强化学习做训练的典型场景。游戏中玩家控制的角色为图 5.3

---

[1]　Abel D. A theory of abstraction in reinforcement learning [R/OL]. (2022-03-01) [2022-10-09]. arXiv:2203.00397v1 [cs.LG].

中的智能体（agent），游戏玩家通过发指令使得被控制角色产生各种动作，这些动作是在游戏环境的制约下发生的。动作发生后，游戏环境给出相应可观察的变化和奖励。要把这样的场景转为强化学习模型，需要对场景进行抽象，抽取 MDP 六元组（后面两个元组为非必要选项），即状态集（S），动作集（A），回报函数（R），状态转移概率（T），回报权重调节权重（γ，也称阻尼系数），状态启动概率（ρ_0）[①]。

　　以下是使用强化学习中的 Q-Learning 算法在 OpenAI Gym 环境（CartPole 游戏）中训练智能体的简单 Python 代码示例。在这个游戏中，如图 5.4 所示，智能体需要控制一个小车，使得上面的杆子保持平衡，示例代码如下。

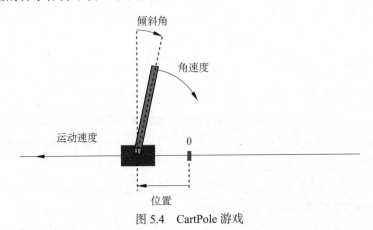

图 5.4　CartPole 游戏

```
import gym
import numpy as np

# 创建游戏环境
env = gym.make('CartPole-v0')

# 初始化Q-table
Q = np.zeros([env.observation_space.n, env.action_space.n])

# 设置参数
alpha = 0.5
gamma = 0.95
```

---

① Abel D. A theory of abstraction in reinforcement learning [R/OL]. (2022-03-01) [2022-10-09]. arXiv:2203.00397v1 [cs.LG].

```
epsilon = 0.1
episodes = 5000

# Q-learning
for episode in range(episodes):
    state = env.reset()
    done = False
    while not done:
        if np.random.uniform(0, 1) < epsilon:
            action = env.action_space.sample()        # 探索
        else:
            action = np.argmax(Q[state])              # 利用
        next_state, reward, done, info = env.step(action)
        Q[state, action] = (1 - alpha) * Q[state, action] + alpha * (reward
+ gamma * np.max(Q[next_state]))
        state = next_state

# 测试智能体
state = env.reset()
done = False
while not done:
    action = np.argmax(Q[state])
    state, reward, done, info = env.step(action)
    env.render()
env.close()
```

在这段代码中，首先创建了一个游戏环境，并初始化了一个 Q-table，然后设置了学习率（alpha）、折扣因子（gamma）、探索率（epsilon）和训练的回合数（episodes）。在强化学习的过程中，智能体根据 epsilon-greedy 策略选择动作，然后根据强化学习的更新规则更新Q-table。在代码的最后，测试了训练好的智能体，智能体根据 Q-table 选择动作，并在游戏环境中执行动作。这是一个非常简单的例子，实际的强化学习问题可能需要更复杂的方法和技术，如深度强化学习。

强化学习是一种机器学习思想，而非具体的机器学习方法。在建立强化学习抽象模型后，一般是采用动态规划方法寻找解决问题的最佳路径（上面提到的蒙特卡洛算法不是动态规划方法，与遗传算法的思想有点相似）。不同的应用场景中，强化学习的实现方法差别很大，但所应用的场景条件是基本一致的。

对于具有上下文关系的数据，神经网络算法也有相应的处理能力。循环神经网络（recurrent neural networks，RNN）算法正是为处理这样的数据而设计的，RNN 不同于卷积神经网络，为使得前面的数据能够影响后面的数据，每个结点的输出不仅取决于该结点对应的输入数据，还取决于前置数据的处理结果，其基本原理如图 5.5 所示。

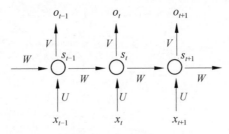

图 5.5　RNN 原理[1]

图 5.5 中 x_t 是输入层的输入，s_t 是隐藏层的输出，o_t 是输出层的输出，从图 5.5 可以看出前面的数据影响了后面的数据处理，使得神经网络有了对时序数据的处理能力。RNN 根据不同的数据处理功能有不同的网络结构，如图 5.6 所示。

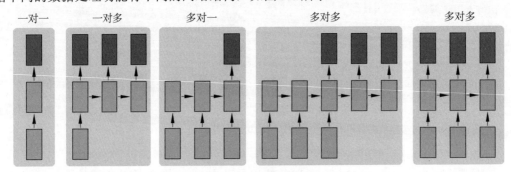

图 5.6　RNN 结构类型[2]

为解决 RNN 训练过程中的梯度消失和梯度爆炸问题，产生了长短期记忆（long short-term memory，LSTM）算法模型，这是一种特殊的 RNN 模型，LSTM 模型引入了遗忘机制，

① Karpathy A. The unreasonable effectiveness of recurrent neural networks[EB/OL]. (2015-05-21) [2022-10-09] https://karpathy.github.io/2015/05/21/rnn-effectiveness/.

② Karpathy A. The unreasonable effectiveness of recurrent neural networks[EB/OL]. (2015-05-21) [2022-10-09] https://karpathy.github.io/2015/05/21/rnn-effectiveness/.

使得模型能够有选择地进行记忆,以降低不重要的前置数据对模型参数的影响,并强化重要的输入数据。这些是通过门控状态来控制传输状态,使得模型能够记住需要长时间记忆的数据,并忘记不重要的信息。

RNN 算法模型在 NLP 中取得了较为成功的应用,如自动填词、文本生成、机器翻译、语音识别等。RNN 与卷积神经网络(convolutional neural network,CNN)联合运用,建立多模态算法模型,还可以自动生成图像的文字描述,或利用文字描述生成图像。

利用上下文的信息在视频图像处理中也有较多的应用,如利用前后相邻帧图像的相似性进行视频压缩,还可以利用相邻帧图像的变化进行运动物体检测和跟踪,典型的算法如 Lucas-Kanade(LK)光流法,利用 LK 算法在环境亮度不变和运动物体较小的场景中可以较好地检测运动物体,但亮度不变这个要求在很多场景中很难做到。对于亮度缓慢变化的场景可以采用混合高斯模型来逐渐适应背景图像的变化。物体在运动过程中,不仅亮度会发生变化,运动物体还会发生形变、遮挡、短暂消失的情况。为解决这些复杂问题,英国萨里大学的一位捷克籍博士生 Zdenek Kalal 在 2012 年 7 月提出了一种新的单目标长时间跟踪算法——TLD(Tracking-Learning-Detection)算法,这是一个具有在线实时学习能力的跟踪算法。TLD 算法在初始化过程中学习要跟踪的物体后,便可以在后续的物体运动中不断自动学习物体的变化,从而适应物体在运动过程中的变化,这是一个半监督的学习过程,如图 5.7 所示。

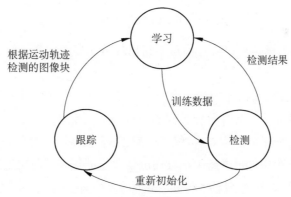

图 5.7　TLD 算法模块关系图[①]

TLD 算法是一个在线学习的算法,该算法分为三大模块——学习、检测和跟踪。在初

---

① Kalal Z, Mikolajczyk K, & Matas J. Tracking-Learning-Detection [J]. IEEE Transactions on Pattern Analysis and Machine Intelligence,·2012, 34(7): 1409-1422. DOI: 10.1109/TPAMI.2011.239.

始化过程中先对分类器进行预训练，然后对后续图像中的目标运动物体所发生的变化进行学习，即利用跟踪到的运动物体更新分类器，使分类器能够逐渐适应运动物体变化。其利用检测模块和跟踪模块进行联合判断，使对运动物体的定位更加精准和具备更好的适应性。利用 TLD 算法进行运动物体跟踪，不仅可以适应被部分遮挡的运动物体，甚至当运动物体被短时间全部遮挡后又出现时，还可以做到对运动物体的继续跟踪。

这种通过新数据修正预测参数的过程，还有一个思想非常类似的算法——卡尔曼滤波器（Kalman filter）。卡尔曼滤波器是一种最优化自回归数据处理算法，该算法通过过去的状态和当前实际观测的状态修正预测模型参数，然后利用新的预测模型参数预测下个时刻的状态，如此反复循环，可以使得预测越来越精确，如图 5.8 所示。

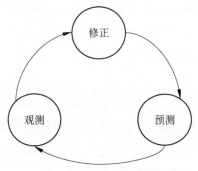

图 5.8　卡尔曼滤波器预测过程

卡尔曼滤波器的目标是从不确定信息中挤出尽可能多的信息，这些不确定信息分为如下两类[①]。

☑ 系统状态变化的不确定性干扰，如飞行状态控制，虽然想让它保持匀速或匀加速飞行，但自然条件下，会有各种各样的干扰，如气流干扰、燃料燃烧不稳定、方向控制不稳定等，如果要建立这样的物理变化数学模型，是非常复杂且不可靠的。

☑ 观测数据的不确定性，这是由于存在测量仪器的误差（现实生活中任何测量手段都无法消除误差），还有测量条件和手段的制约，使得观测的数据并不可靠，如 GPS 定位，民用的 GPS 定位结果存在 5～30 m 的误差，军用的 GPS 定位可以达到 1 m 以下的误差，这样的误差使自动化控制难以实现。

---

① Babb T. How a kalman filter works, in pictures [EB/OL]. (2015-08-11) [2022-10-13]. https://www.bzarg.com/p/how-a-kalman-filter-works-in-pictures.

　　假如不确定性的干扰和误差呈高斯分布（事实上绝大部分情况是如此），则可以利用方差表示不确定性的大小，如果状态中的变量在两个以上（多维数据），则利用协方差矩阵表示这些变量的不确定性（可以参考多维度高斯分布中的概率计算公式），因为这时仅考虑每个维度的方差是不够的，不同维度的变量还存在相关性，还需要把相关性考虑进去。

　　所以在利用卡尔曼滤波器解决问题之前，必须先得到这两种不确定因素的方差或协方差数据，卡尔曼滤波算法把这两种不确定性数据融合成系统整体不确定性系数。

　　卡尔曼滤波器的核心是卡尔曼增益（Kalman gain）公式，如下式。

$$K = \sum\nolimits_0 \times (\sum\nolimits_0 + \sum\nolimits_1)^{-1} \tag{5.1}$$

　　式（5.1）中，$\sum$ 为协方差矩阵，若为一维数据，则用方差（σ^2）代替，$\sum_0$ 为综合不确定参数（协方差矩阵），$\sum_1$ 为观测不确定参数。式（5.1）无法直接反映如何融合了系统状态变化的不确定性因素，这是在循环迭代过程中体现出来的，整体不确定性参数预测如下。

$$P_{当前预测} = P_{上次预测} + \sum\nolimits_2 \tag{5.2}$$

　　观测后，整体不确定性参数更新如下式所示。

$$P_{更新} = (1 - K)P_{当前预测} \tag{5.3}$$

　　在式（5.2）中，$\sum_2$ 为系统状态变化不确定参数（协方差矩阵，一维时为方差）。在预测时，把上次更新后的整体不确定性参数加上系统状态不确定性参数，得到当前预测的整体不确定性参数。在得到最新观测数据后，先计算卡尔曼增益，再利用卡尔曼增益参数对整体不确定性参数进行更新。

　　在知道了不确定参数的计算后，要利用卡尔曼滤波器还有一种参数需要确定，即状态变化矩阵参数（H_k / F_k），这个状态变化参数是在不考虑干扰因素和测量误差的理想状态下的变化参数。例如对运动物体进行观测，运动物体状态中有两个变量，即位置（P）和速度（V），其中速度是加速度为 a 的变量，在理想状态下，经过时间 t 后的状态为

$$\begin{cases} P = P_0 + V_0 t + \dfrac{1}{2}at^2 \\ V = \qquad V_0 + at \end{cases} \tag{5.4}$$

用矩阵表达式（5.4），则有

$$\begin{bmatrix} P \\ V \end{bmatrix} = \begin{bmatrix} 1 & t \\ 0 & 1 \end{bmatrix} \times \begin{bmatrix} P_0 \\ V_0 \end{bmatrix} + \begin{bmatrix} \dfrac{1}{2}at^2 \\ at \end{bmatrix} \tag{5.5}$$

式（5.5）中等号右边的第一个矩阵即为状态转移矩阵 $\boldsymbol{H}_k$，假如不考虑加速度的稳定性，则式（5.5）中最右边的矩阵可以当作常量处理。状态转移矩阵分为预测过程和观测过程两种。

预测过程中的状态转移矩阵为 $\boldsymbol{x}_k = \boldsymbol{F}_{k-1}\boldsymbol{x}_{k-1} + \boldsymbol{w}_{k-1}$。

观测过程中的状态转移矩阵为 $\boldsymbol{y}_k = \boldsymbol{H}_k\boldsymbol{x}_k + \boldsymbol{v}_k$。

在有了状态变化矩阵参数后，则协方差矩阵计算也要进行如下式的改变。

$$Cov(x) = \sum \rightarrow Cov(\boldsymbol{H}_k\boldsymbol{X}) = \boldsymbol{H}_k \sum \boldsymbol{H}_k^T$$

由此，要实现卡尔曼滤波器算法，需要如下三个条件。

☑ 系统状态参数变化的不确定性参数（Q），且不确定性参数呈高斯分布。

☑ 系统观测的不确定性参数（R），且不确定性参数呈高斯分布。

☑ 理想状态下的状态变化矩阵参数（$\boldsymbol{H}_k$，$\boldsymbol{F}_k$），状态变化矩阵是一个以时间为变量的参数，若是未变化的状态，则该参数为常量 1。

有了上面三个参数后，就可以通过如图 5.9 所示的过程预测下个状态的参数和修正当前观测的状态参数，该过程分为预测和更新，预测后把预测出来的状态参数和综合不确定性参数传给更新过程，更新过程又把更新后的状态参数和综合不确定性参数传给预测过程，如此反复循环使得对状态参数的估计和预测越来越准确。

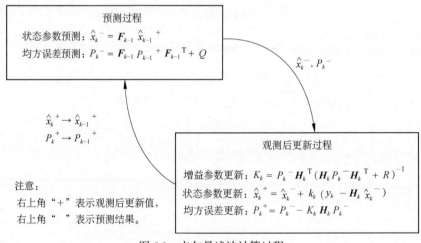

图 5.9　卡尔曼滤波计算过程

卡尔曼滤波器应用于线性变化的系统中，对于非线性变化则需采用扩展卡尔曼滤波器（extended Kalman filter，EKF），EKF 利用泰勒展开公式，使得可以用线性的方法近似估计非线性过程。

卡尔曼滤波器有非常广泛的应用，如应用于机器人导航和控制、卫星和飞船飞行轨道预测，并在阿波罗登月计划中成功预测了飞船的轨道，确保飞船能成功登陆月球，如图 5.10 所示。卡尔曼滤波也可以应用于计算机图像处理，如人脸识别、图像分割、图像边缘检测等。

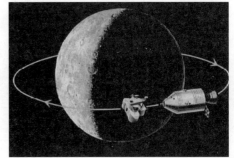

图 5.10　卡尔曼滤波器应用于阿波罗登月计划的飞船轨道预测

以下是一个使用 NumPy 库实现的简单一维卡尔曼滤波器的 Python 程序示例。

```python
# 简单一维卡尔曼滤波器
import numpy as np
def kalman_filter(z, x_est, P):
    # 定义预测模型的参数
    F = np.array([[1]])
    H = np.array([[1]])
    Q = np.array([[1]])
    R = np.array([[1]])

    # 预测步骤
    x_pred = np.dot(F, x_est)
    P_pred = np.dot(F, np.dot(P, F.T)) + Q

    # 更新步骤
    K = np.dot(P_pred, H.T) / (np.dot(H, np.dot(P_pred, H.T)) + R)
    x_upd = x_pred + K * (z - np.dot(H, x_pred))
    P_upd = P_pred - np.dot(K, np.dot(H, P_pred))

    return x_upd, P_upd

# 初始化状态估计和协方差矩阵
x_est = np.array([[0]])
```

```
P = np.array([[1]])

# 定义观测数据
z_data = np.array(……)

# 对每个观测数据应用卡尔曼滤波器
for z in z_data:
    x_est, P = kalman_filter(z, x_est, P)
    print("Updated estimate: ", x_est)
```

数据之间存在上下文关系，这是一个非常普遍的数据关系现象，也可以把存在这样关系的数据称为时序数据。从上面介绍的算法可以知道，处理这类数据的算法非常丰富，但选择什么样的算法解决问题，需要分析应用场景是否具备算法应用所需的条件，所以不仅需要对算法理论的深入理解，更需要对相关数据的深入分析，这样才能选择合适的算法来解决问题。

5.2 知识图谱

自从人类发明了文字和印刷术，知识便得以更广泛地传播和流传，而计算机的出现，让人类开始进入了知识爆炸式增长的时代，"知识就是力量"，人类对知识的渴望从未停止过。计算机已可以存储所有的知识，但我们并未满足于此，我们希望计算机能够处理和应用所存储的知识，甚至希望计算机能够产生新的知识，助力人类对知识的渴望，这是一个伟大的工程——知识工程。知识工程是人工智能领域的一个重要分支，它自始至终贯穿人工智能的发展历程。

图灵测试的提出，让人工智能在技术上有了可以验证的目标，推动了人类对人工智能的研究热情。如何让计算机具备知识的应用能力，从 20 世纪 50 年代开始，便成了人类研究和探索的目标，最开始时（50—60 年代）有了逻辑知识表示、产生式规则、语义网络等知识表示方法，接着（70—80 年代）出现了专家系统，到了 90 年代，人类进入了互联网时代，互联网内容格式的标准化（可扩展标记语言 XML）为互联网环境下大规模知识表示和共享奠定了基础，这个阶段开始出现了以本体为概念的知识表示方法。进入 21 世纪后，随着互联网的普及和大规模应用，知识走向了互联互通，使得知识从封闭知识走向开放知识，从集中知识成为分布知识，这个时期有了对互联网内容进行结构化语义表示的方法，出现了语义标识语言资源描述框架（resource description framework，RDF）和网络本体语言（web ontology language，OWL），这使得我们对知识的处理和应用更为便捷和丰富，信息变得"触手可得"。特别是移动互联网的出现，更是让信息"随手可见"，大规模知识获取方法在这个阶段取得了巨大进展，知识获取实现了自动化，自动构建的知识库成为了语义搜索、大数据分析、智能推荐和数据集成的强大资产。谷歌在收购 Freebase 后，于 2012 年推出知识图谱（knowledge graph，KG）系统，知识图谱概念便应运而生，并伴随着大数据处理能力和深度学习技术的发展，知识图谱概念得到了越来越广泛的应用和发展。图 5.11 展示了知识图谱的发展历程。

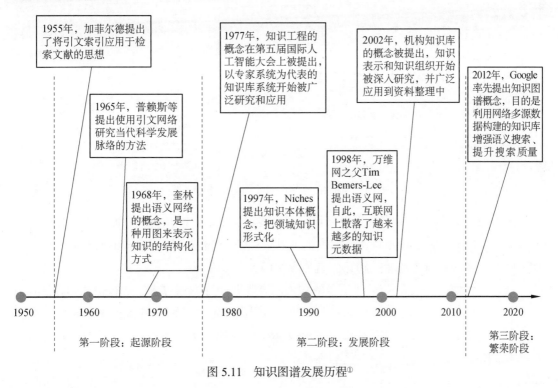

图 5.11　知识图谱发展历程①

① 中国电子技术标准化研究院. 知识图谱标准化白皮书（2019 版）[R]. 北京：2019：1.

谷歌把知识图谱应用于搜索引擎，用于组织互联网信息，如图 5.12 是搜索"Winterthur Zurich"的结果，在得到的页面中左侧显示搜索结果，右侧显示来自维基百科的信息。

图 5.12　谷歌搜索结果中使用知识图谱示例①

图 5.12 中左侧的部分信息直接来自维基百科页面信息，维基百科页面中的信息是通过知识图谱来填充的，来自知识图谱的数据可以增强 Web 搜索，使得搜索出来的信息更为丰富和可靠，维基百科中的相关知识图谱片段如图 5.13 所示。

维基百科如何生成如图 5.13 所示的知识图谱呢？一方面通过人工进行整理和标注，另一方面通过连接一些机构组织中的相关信息，利用已经定义好关系名称的词汇表（本体库）把信息关联起来。还可以利用 NLP 技术从文本中自动抽取实体和关系，维基对这种方法会有严格的限定，以保证抽取信息的准确性。

---

① Chaudhri V K, Chittar N, & Genesereth M. An introduction to knowledge graphs [EB/OL]. (2021-05-10) [2022-11-20]. https://ai.stanford. edu/blog/introduction-to-knowledge-graphs/.

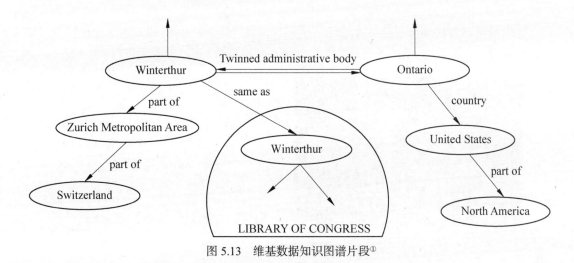

图 5.13　维基数据知识图谱片段①

利用 NLP 技术自动生成知识图谱是最常用的方法和手段，如对于下面一段文字。

> *Albert Einstein was a German-born theoretical physicist who developed the the theory of relativity.*

通过自然语言处理算法对上面这段文字进行实体和关系识别，便可以得到如图 5.14 所示的知识图谱。

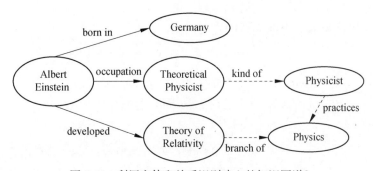

图 5.14　利用实体和关系识别建立的知识图谱②

---

① Chaudhri V K, Chittar N, & Genesereth M. An introduction to knowledge graphs [EB/OL]. (2021-05-10) [2022-11-20]. https://ai.stanford. edu/blog/introduction-to-knowledge-graphs/.

② Chaudhri V K, Chittar N, & Genesereth M. An introduction to knowledge graphs [EB/OL]. (2021-05-10) [2022-11-20]. https://ai.stanford. edu/blog/introduction-to-knowledge-graphs/.

把机器学习方法和深度学习方法运用于图像理解中，可以利用图像生成知识图谱，如图 5.15 所示。

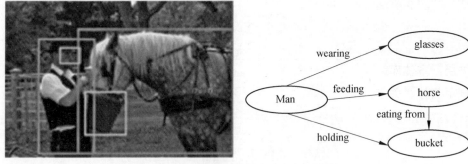

图 5.15　利用机器视觉技术建立知识图谱[①]

从上面所举的例子中，可以发现知识图谱是一种有向标记图（有些节点间允许用无向边进行连接），把特定领域的信息用节点和有向边或无向边相关联，其中任何信息都可以充当节点，如人物、公司、地点、时间等，有向边和无向边表达了节点间的相互关系，如归属关系、相似关系、占有关系、组成关系等。

也可以把知识图谱简单地理解为一种数据结构，在这数据结构基础上可以进行各种各样的处理和应用。建立这样的数据结构，可以通过人工输入、自动和半自动的方法，但无论采用哪种输入的方法，都期望生成的知识图谱要易于人类理解和验证。

知识图谱可以抽象为一个四元组的定义，如

$$G = (N, E, L, f) \tag{5.6}$$

式（5.6）中，N（$Node$）为节点集；E（$Edge$）为连接两个节点的边集；L（$Label$）为用于描述两个节点关系的标注集；f（$Function$）为把标注赋给边的方法，即确定节点间关系的方法。

对上面定义的四元组，需要建立一个标准，如定义节点、边和关系的方法，以利于多元数据的融合和自动化处理。1980 年，本体论（ontology）哲学概念中的本体被引入人工智能领域，研究知识工程的学者利用该哲学思想来表达知识，本体是共享概念模型的明确的形式化规范说明（更通俗的哲学定义是对世界上客观事物的系统描述，即存在论），该定义

---

① Chaudhri V K, Chittar N, & Genesereth M. An introduction to knowledge graphs [EB/OL]. (2021-05-10) [2022-11-20]. https://ai.stanford. edu/blog/introduction-to-knowledge-graphs/.

体现了本体的四层含义，即概念模型、明确、形式化、共享。本体是实体存在形式的描述，往往表述为一组概念定义和概念之间的层级关系，本体框架是一个类似树的描述结构，是用来建立知识图谱数据的抽象方法纲要，把式（5.6）进行详细的定义和约束，即可称为本体框架。

知识图谱概念模型可以分为本体层和实例层，本体层又称为模式层，实例层也可以称为数据层。本体库或本体框架对公理、规则和约束条件进行了详细并可以实施的定义，以此来规范实体、关系以及实体的类型和属性等对象之间的联系，使得知识图谱数据在表达上具备一致性，以利于上层应用的数据处理和融合。实例层是对本体层的实例化，实例层主要是由一系列的事实组成，而知识将以事实为单位进行存储，事实的基本表达式为"实体—关系—实体"或"实体—属性—属性值"，以此构成庞大的实体关系网络，这就是所谓的知识图谱，如图 5.16 所示。

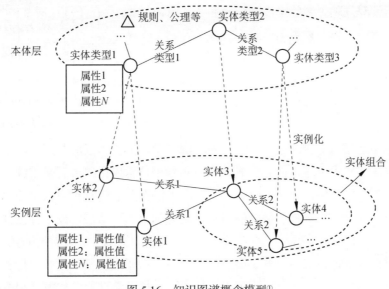

图 5.16　知识图谱概念模型[①]

知识图谱中的数据表示方法可以分为两类，分别是基于符号的表示方法和基于向量的表示方法。

基于符号的表示方法是一种最为普遍和直观的表示方法，是基于语义网络的表示模

---

① 全国信息技术标准化技术委员会. 信息技术 人工智能 知识图谱技术框架：GB/T 42131—2022 [S]. 北京：2022：4.

型，其最常用的符号语义表示模型是 RDF，这是一个以三元组（主语、谓语和宾语）为基本单元的逻辑表达或陈述方式。但 RDF 缺少类、属性等 Schema 层的定义手段，RDFS（RDF Schema）弥补了这方面的缺陷，RDFS 可以构建最基本的类层次体系和属性体系，主要用于定义术语集、类集和属性集，OWL 在 RDFS 基础上扩展了类和属性约束的表示能力，如复杂类表达、属性约束、基数约束、属性特征等，使得可以构建更为复杂完备的本体。

基于向量的表示方法利用深度学习算法对大量的文本进行训练，这样可以把单词表示成向量的形式（词向量），甚至可以把句子表示成向量的形式，这是一种被称为嵌入（embedding）的方法。当文字采用向量表达后，语义的计算就变成了向量的计算，以此实现了语言和文字更为直接的数学计算，通过嵌入将知识图谱中的实体和关系投射到一个低维的向量空间，这样可以为每一个实体和关系学习一个低维度的向量表示，利用该方法就可以通过向量计算发现更多的隐性知识和潜在假设，这种是存在于神经网络中的知识图谱，属于隐式知识、弱逻辑约束类型，且不易被解释。

基于符号的知识表示方法，每个实体用不同的结点表示，在计算实体间的语义和推理关系时，需要设计定制化的算法来实现，存在通用性差的问题，且计算复杂度高、可扩展性差，当知识量较大时，难以满足实时计算的需求。但基于符号的表示方法，直观且易于理解和数据分析，算法设计虽然复杂度高，但难度相对较小，并可以快速实现应用需求，所以符号表示还是当前主流的表示方法。随着深度学习的技术发展和深入应用，基于向量的知识表示方法在知识推理、内容生成、人机对话等技术应用中被越来越深入地应用，并取得了意想不到的好效果，基于向量的知识表示方法有利于计算机对知识的学习，显著提升语义计算效率，有效缓解数据稀疏的问题，更有利于实现不同来源、不同性质的知识的融合。但天文数字的训练数据量和需要超大规模的计算硬件资源，让普通研究者望而却步，而且深度学习技术在理论上的研究也需要很大突破，对超大规模参数的分析和理解，目前在理论上还是较为缺失，当前是工程技术上的进步在推动着理论上的发展和突破，但这也让人看到了人工智能技术发展的曙光。

构建知识图谱的技术包括知识获取、知识表示、知识存储、知识融合、知识建模、知识计算、知识演化、知识溯源、质量保障等，需要各种各样的算法支撑，在构建过程中，NLP 技术、机器学习、深度学习、大数据处理和存储技术、互联网技术、物联网技术等得到广泛的应用，其构建流程如图 5.17 所示。

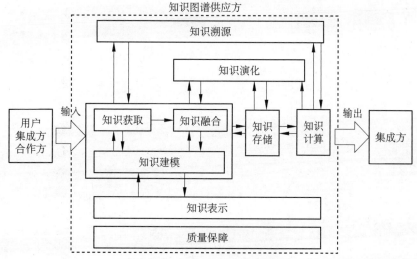

图 5.17　知识图谱构建流程图[①]

　　知识图谱技术的应用已深入到了各行各业，如金融、医疗、制造、教育、农业、交通等领域都已有了相关的应用案例和场景。知识图谱技术跟我们生活紧密相关的是在电商中的应用，阿里巴巴的"新零售"概念，便是一个从认知用户的需求出发，充分利用知识图谱技术构建的新零售电商认知图谱，该类型知识图谱以商品、产品、消费者等为核心，利用实体识别、实体链指和语义分析技术，整合关联了如舆情、百科、国家或行业标准等 9 大类一级本体，包含了百亿级别的三元组，以人、货、场为核心形成了巨大的知识网，如图 5.18 所示。

　　阿里巴巴电商知识图谱将用户需求显式地表达成知识图谱中的结点，建立用户认知图谱，从而让电商搜索、推荐算法更好地认知用户需求，避免出现重复推荐、缺少新意、搜索"不智能"等问题，图 5.19 为阿里巴巴电商认知图谱概览。

　　图 5.19 中阿里巴巴将用户需求称为 E-commerce Concept，以此表达知识图谱中的结点，电商概念是一个有商品需求的概念，一般情况下以一个符合常识、语义完整、语序通顺的短语来表示。并定义了电商概念判断方法的基本原则，即满足用户需求、通顺、合理、指向明确、无错别字，对不符合这些原则的文字和短语在概念挖掘过程中进行过滤。阿里巴巴把电商概念分为如下三类[②]。

① 全国信息技术标准化技术委员会. 信息技术 人工智能 知识图谱技术框架: GB/T 42131—2022 [S]. 北京：2022；7.

② 阿里云. 迈向电商认知智能时代的基石：阿里电商认知图谱揭秘 [EB/OL]. (2019-04-08) [2022-12-10].https://developer.aliyun.com/article/697090.

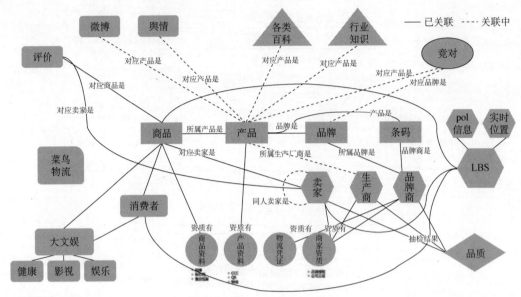

图 5.18　电商知识图谱示意图①

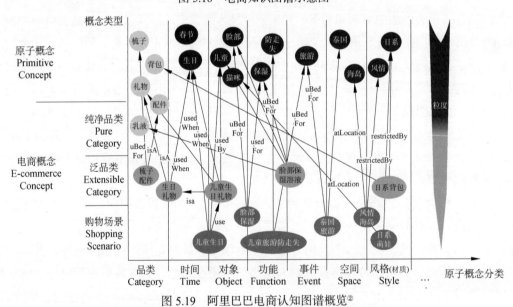

图 5.19　阿里巴巴电商认知图谱概览②

① 中国电子技术标准化研究院. 知识图谱标准化白皮书（2019 版）[R]. 北京：2019：137.
② 中国电子技术标准化研究院. 知识图谱标准化白皮书（2019 版）[R]. 北京：2019：138.

☑ 购物场景：无特定商品的用户需求，如"儿童防走失""春节送礼"等；

☑ 泛品类：有特定商品的用户需求，如"连衣裙""儿童羽毛球拍"等；

☑ 通用概念：一类可以和电商外部的开放领域知识相关联的概念，如"防晒""烧烤""老人"等。

知识图谱离不开对本体的定义。阿里巴巴参考 Schema.org、cnSchema.org 对客观事物进行描述的结构，建立了以事物类（thing）为根结点的电商知识图谱底层本体分类体系，在事物类的子类中，有"动作""创作品""活动""无形物""品类""医疗实体""机构""人物""地点"这 9 大类，每一个子类又有其自己的子类，每一个子类将继承父类的所有属性和关系。在本体中阿里巴巴定义了如下多个电商专用类对电商环境下的客观世界进行建模[①]。

Brand（品牌）和 Category（品类）。品类是顾客在购买决策中所涉及的最后一级商品分类，由该分类可以关联到品牌，并且在该分类上可以完成相应的购买选择。品类中的实例是进行本体构建过程中重点挖掘的内容。

Audience（受众）。受众是商品直接对应的购物人群或种群，是电商场景下一个重要的分类。受众类下包括动物、身体部位、人群、植物四个子类。

Style（风格）。对于一件商品，一定会有其特有的风格来吸引购买的人群，风格类主要对其进行描述。风格类下包括六个子类，即文学风格、音乐舞蹈风格、气味风格、触觉风格、口味风格以及视觉风格。

Function（功能）。对商品进行功能的具体描述，可以精准地定位商品，将商品和需求直接联系起来。功能类下包括四个子类，即美妆功能、服饰功能、保健功能、家居功能。

Material（材质）。所谓材质简单地说就是物体看起来是什么质地。通过材质对商品进行描述，可以使商品更加具体化。

在本体的分类体系中，每个类别都有其特有的属性和关系，子类将继承父类所有的属性和关系，在对本体中的每个类别进行建模时，阿里巴巴定义了 140 多个属性和关系。

---

① 阿里云. 迈向电商认知智能时代的基石：阿里电商认知图谱揭秘 [EB/OL]. (2019-04-08) [2022-12-10]. https://developer. aliyun.com/article/697090.

阿里电商知识图谱底层本体分类体系如图 5.20 所示。

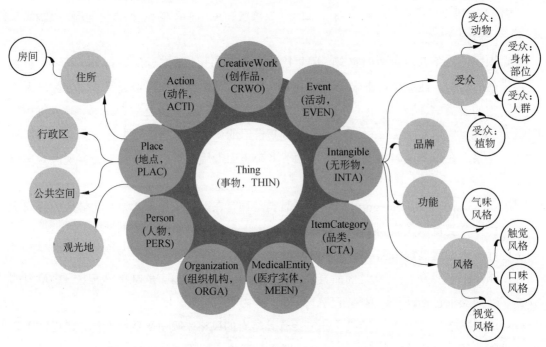

图 5.20　阿里电商知识图谱底层本体分类体系[①]

　　知识图谱中结点之间的关系是计算机能够理解知识的关键信息，关系的类型取决于头尾两个结点的类型，阿里知识图谱系统中定义了 19 种关系类型，如 is_related_to（相关）、isA（是一种）、has_instance（有实例）、is_part_of（是一部分）等，其中 is_related_to 和 isA 对电商场景的用途最大。图 5.21 是阿里电商认知图谱的完整构成图。

　　阿里电商认知图谱已应用于淘宝电商环境中，如应用于商品的搜索和推荐，主要表现形式是以概念为载体的主题卡片，如手机淘宝首页中的猜你喜欢主题卡片推荐、宝贝详情页中的场景推荐。

---

① 阿里云. 迈向电商认知智能时代的基石：阿里电商认知图谱揭秘 [EB/OL]. (2019-04-08) [2022-12-10]. https://developer. aliyun.com/article/697090.

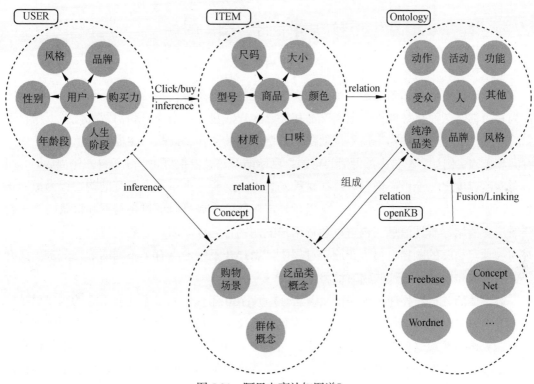

图 5.21　阿里电商认知图谱①

知识图谱技术利用本体的哲学思想，把现实世界中的信息互相关联，建立了知识网络，相比上下文关系，知识图谱中的数据关系更为复杂，是一个体系化的数据网络。从阿里电商认知图谱的案例中可以知道，要建立一个知识图谱是一个庞大的系统工程，从本体库的建立，到具体的知识图谱数据生成和应用，涉及框架设计、算法支撑、大数据技术应用、数据资源整合、知识图谱系统运营和维护等多方面的领域和应用。如何通过知识图谱技术使机器更加智能并发挥更大的商业价值，不仅在技术上还需要更多的探索和进步，在应用上也需要更多的创新，当前还存在客户内生驱动力不足和大规模盈利模式不清晰的问题，如何设计具有更高价值的应用，如何解决投入高和产出价值低的问题，需要我们在产品设计和商业模式上有更多的思考和研究。

①　阿里云. 迈向电商认知智能时代的基石：阿里电商认知图谱揭秘 [EB/OL]. (2019-04-08) [2022-12-10]. https://developer. aliyun.com/article/697090.

5.3 事件图谱

阿里巴巴电商认知图谱是一个基于概念描述的知识图谱，核心目的是认知用户的购物行为和习惯，从而更好地推广电商产品和提升客户（包括电商商户和消费者）网上购物效率。但是，消费者的购物习惯不仅取决于消费者网购了什么商品，也取决于消费者所处的时间和地点。例如，在要去旅游时，可能会网购防晒霜、自拍杆、背包等；入住酒店时，可能会网购充电宝、毛巾、拖鞋等。在这种场景里，旅游是个事件，所有的购物行为都因该事件而引发，而且这些事件信息是可以预知或获取的，如可以通过携程网和机票网购平台获取用户的旅行事件信息，也可以通过用户的购物行为预测用户的购物目的，这是一个与时间和地点相关的购物习惯，在旅游过程中，用户在不同地点有了不同的购物需求，离开了这些时间和地点，这种购物习惯将不存在。

对事件的分析和处理，由来已久，从 20 世纪 50 年代开始，事件和事件的构成已被广泛深入地研究，在 20 世纪 50 年代，已有试图从文本中挖掘行为的方法。知识图谱概念提出后，人们便发现这种以实体和实体关系为基础的静态知识，无法很好地处理事件信息，很快便有了事件图谱的研究和应用，因为事件图谱更能够反映现实世界，利用事件图谱深入理解事件的演化和发展过程，以此可以实现事件预测、自动决策和决策优化、对话场景设计和分析等应用。

事件的概念起源于认知科学，并广泛应用于哲学、语言学、信息技术等领域，在信息抽取和信息检索两个不同领域对事件有不同定义。在信息抽取测评中，较具影响力的自动内容抽取（automatic content extraction，ACE）测评会议把事件定义为有参与者、已发生的并导致发生变化的事情，而在话题检测与跟踪测评（topic detection and tracking，TDT，美国国防高级计划研究委员会主办的测评）中，把事件定义为由某些原因、条件引起，发生在特定时间、地点，涉及某些对象，并可能伴随某些必然结果的事情。由于应用场景的不同使得两种定义略有差异，但都一致认为事件是促使事物状态和关系改变的条件，事件能描述粒度更大、动态、结构化的知识，可以弥补现有知识资源的不足。

知识图谱是依据本体论的哲学思想。本体论是寻求客观事物的存在之"本"，本体论的"存在样式"是概念体或思想体，本体论讨论的是世界的本质（或本源）。西方哲学中还有一种对客观世界认识的哲学思想——认识论（epistemology），认识论把人当作认识主体去认识客观世界，认为人的认识是主观的，认识论讨论的是如何认识事物，用什么方法去认识，侧重的是认识过程和因果关系。很多认知科学家认为人们是以事件为单位体验和认识世界的，事件符合人类正常认知规律，因此，把事件信息进行联网，建立事件信息网络，形成事件图谱，更能够反映客观世界，而且事件包含的信息更为丰富，可以在时间和空间的维度分析和抽取可用的知识，更有利于做出合理的决策和准确的预判。

本体论和认识论并不是相互排斥的哲学理论，中国人的"知行合一"哲学思想，便是把本体论和认识论相互融合的一种体现。认识论是基础，本体论是依据认识论的逻辑推导形成超越经验的概念。事件图谱的思想也离不开知识图谱的基本思想支撑，也需要对实体和关系进行抽象和定义，以使事件图谱中的数据体现能够在表达规则上具备一致性，事件图谱也可以与知识图谱相关联和融合，使得事件图谱能够表达更丰富的信息，从而得到更广泛和深入的应用。所以用事件图谱来表达客观世界会更确切，事件图谱也称为事理图谱。

事件图谱跟知识图谱一样，也有这些元素，即结点、边、边上标注、标注赋予方法。不同于知识图谱仅限于实体与实体之间的关系，事件图谱中把事件作为结点来表示，在结点之间的关系上变得更为复杂，关系类型有事件与事件之间的关系、事件与实体之间的关系和实体与实体之间的关系。由于应用场景不同，对事件的表达也不完全一致，因此出现了多种事件图谱的模型，如表 5.1 所示。

表 5.1　知识图谱和不同类型的事件图谱的比较[①]

概念	结点	边	特征
知识图谱	表示实体	表示实体与实体关系	静态知识
事件图谱	表示事件触发词和事件元素（主语、宾语、时间、地点）	表示事件间的时间顺序关系和共指关系	动态的、详尽的知识
以事件为中心的知识图谱	表示用资源链接地址（URIs）和实体描述的事件	表示事件与实体关系（表示事件中包含的动作、参与者、时间、地点）、事件与事件关系（有时间和因果关系）、与实体相关联的信息	动态的、详尽的知识
事件演化图谱	表示事件（概述形式，如带完整语义的动词短语）	表示事件间的时间关系和因果关系	动态的、简要的知识

---

① Guan S, et al. What is event knowledge graph: a survey [R/OL]. arXiv:2112.15280v1 [cs.LG]. 2021.

续表

概念	结点	边	特征
以事件为中心的时间知识图谱	表示事件、实体、关系	表示事件与实体关系（有事件类型、事件参与者、事件发生时间、事件发生地点等的关系）、事件与事件关系（有主从关系、前置关系、后续关系，实体与实体关系）	动态的、详尽的知识
事件逻辑图谱	表示语义完整的、概要的事件描述	表示事件间的时间关系、因果关系、条件关系、上下位关系	动态的、简要的知识

表 5.1 中的事件演化图谱和事件逻辑图谱，侧重分析和研究事件之间的关系，而事件的细节和与事件相关的知识不是主要分析目的，所以其结点信息仅为事件信息描述，并在事件描述上采用简要的形式来表达，而其他类型的事件图谱则对事件相关信息表达得更细致，这有利于对事件信息进行更完整的描述和更精细的事件分析。

与知识图谱中的本体库一样，事件图谱也需要有一个对事件识别和抽取方法的规范化定义，即事件本体（event ontology），虽然对于事件概念目前没有统一的形式化定义，但可以归纳出以下几点核心概念。

（1）事件描述（event mention）指客观发生具体事件的自然语言描述，通常是一个句子或者句群。同一事件可以有很多不同的事件描述，可能分布在同一文档的不同位置或不同的文档中。如简单事件模型（simple event model，SEM）框架图中的 Literal。

（2）事件触发词（event trigger）指事件描述中最能代表事件发生的词，是决定事件类别的重要特征，在 ACE 评测中事件触发词一般是动词或名词。如 SEM 框架图中的"sem: Event"。

（3）事件元素（event argument，又称事件论元）指事件的参与者，是组成事件的核心部分，与事件触发词构成事件的整个框架。事件元素主要由实体、时间和属性等表达完整语义的细粒度单位组成。如 SEM 框架图中的"sem: Actor""sem: Place""sem: Time"。

（4）元素角色（argument role）指事件元素与事件之间的语义关系，也就是事件元素在相应的事件中扮演的角色。如 SEM 框架图中的"sem: ActorType"被"sem: RoleType"所约束。

（5）事件类型（event type）指事件元素和触发词决定了事件的类别。很多评测和任务均制定了事件类别和相应模板，方便元素识别及角色判定。如 SEM 框架图中的"sem:

EventType"。

以事件为中心的知识图谱不仅包含了事件信息，还包含了与事件相关的实体信息。在互联网时代，事件信息广泛存在于以 OWL 为格式的文本信息中，利用 SEM 可以方便地表达不同领域和不同数据结构的事件和与事件相关的信息，这是一个具有包容性、开放性特点的轻量级事件模型（也可以称为事件本体），SEM 借助 RDFs 的语义网络模型，可以很容易地把 Web 中的内容映射到事件模型中，并适应不同的业务需求，如事件分析和事件相关信息查询，SEM 整体框架如图 5.22 所示。

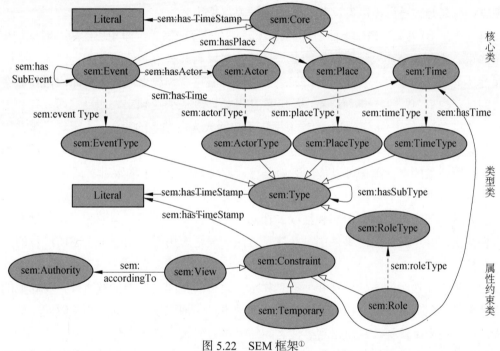

图 5.22　SEM 框架①

图 5.22 用类（class）的关系来表达事件模型，图中的空心箭头指向的是父类（继承关系），实心箭头指向的是类的属性（包含关系），虚线箭头指向的是被实例化的类。

从 SEM 框架可以看出，SEM 分为三个层次的类，即 SEM 核心类、类型类和属性约束类。SEM 核心类有四个：事件类、事件参与者类、事件发生地点类、事件发生时间类。

① Hage R W, Ceolin D. The simpe event model [M]. New York: Springer, 2013: 12. doi: 10.1007/978-1-4614-6230-9_10.

四个核心类中的事件类与其他三个类为包含关系，每个核心类都有一个相关类型定义。

SEM 属性约束类是 SEM 模型中最复杂的类，用来约束事件实例中的属性，以消除语义歧义和模糊不清的问题，例如下面一段话有三种不同的歧义。

> 荷兰人于 1947 年在荷属东印度群岛发起了第一次警察行动；荷兰人自称是解放者，但被印尼人民视为占领者。

这句话的语义模糊不清。上面这段话中事件参与者是解放者还是占领者？印度尼西亚是独立国家还是被殖民地区？这段话要表达的观点是什么？

SEM 属性约束类为消除上面所提的问题定义了三种约束类，即角色约束、时间约束、视角约束。角色约束通过约束事件的参与者属性来限制其参与事件的方式；时间约束限定了属性所处的时间边界；视角约束定义了分析问题的角度和观点。对于上面的语句需要通过时间进行约束。以 1945 年为边界（从 1945 年开始印度尼西亚独立为印度尼西亚共和国），对于 1947 年发生的事件，时间上的约束限定了荷兰人为占领者的角色，也限定了事件发生地点是独立的国家，并且在视角（观点）约束上限定了荷兰人是占领行为。通过这样的约束，使得所建立的事件图谱可以被准确地测评，避免发生应用上的混乱。

在建立事件图谱的过程中，可以将其划分为三个层面的事件识别和事件抽取。

（1）基于句子级的事件识别和抽取。在同一个文档中利用语义理解和识别，抽取不同的事件实例，并生成相应的事件图谱，这种方法一般是应用于对同一个主题所产生的事件进行分析和应用。

（2）基于文档级的事件识别和抽取。如从多语言的新闻文档中抽取事件，将相似的新闻文档聚类，然后从每个文档中获取一个宏观的事件，抽取事件中的人物、时间、地点等要素，生成一个事件类，从而得到事件之间的时序和层次关系。

（3）基于结构化数据的事件识别和抽取。对于发生在业务流程上的事件往往是结构化的数据，如网购订单、公务申办、采购申请、事务下发等，对于这类事件的识别和抽取相对较简单，只要把这些事件通过合理的方式组织起来就可以很容易生成事件图谱。

随着工业信息化的发展，在工业领域利用物联网技术收集生产过程中的事件信息，然后通过事件图谱分析技术为生产做辅助决策，这方面已展现出事件图谱技术更广阔的应用前景，如节能优化、良品率提升、物料利用率提升等。

前面描述的主要是事件信息的表示方法，在事件图谱技术应用中，不只应用于事件信息的查询，更多应用于事件之间的关系分析，如对于下面的一系列事件。

有个人准备结婚，于是他去买了一套房子，还买了一辆车，又去找拍婚纱照的店铺，之后拍了婚纱照，同时制定了旅行计划，然后去咨询旅游攻略，并订了机票。到了旅游目的地后，找到一个租车行，最后开车去旅游，度过了一个美满的婚假。

对上面的事件进行整理，可以得到如下的事件逻辑关系图。

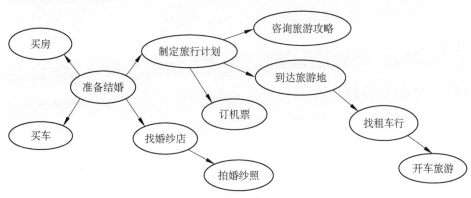

图 5.23　事件逻辑关系图示例

从图 5.23 可以发现事件之间的关系，事件之间不仅存在并列关系，还存在嵌套关系，对于这样的数据关系，还可以用二叉树的方法表示。二叉树中每个结点最多有两个子结点，上下相连的三个结点中，上结点与左下结点的关系为父子关系（表示嵌套关系），上结点与右下结点的关系为兄弟关系（表示并列关系）。利用二叉树的思想对图 5.23 进行重新整理得到图 5.24。

利用二叉树表示事件之间的关系有如下优势。

☑ 数据结构设计比较简单。

☑ 由于两个结点之间只有一条线相连，当数据量大时，便于分割存储。

☑ 表达数据之间关系的信息较少，可以减少存储数据量。

事件图谱是一个事件间具有因果、顺承、细分、概括等关联关系的复杂网络，对于事件关系的分析主要有事件演化和逻辑关系两个方向。对事件演化过程进行分析，可以对未来可能发生的事件进行预测。对事件的逻辑关系进行分析，挖掘事件成因和事件发生规律，便于决策分析，起到辅助决策的作用，甚至可以在操作风险较低的工业应用场景中实现操作自动化。

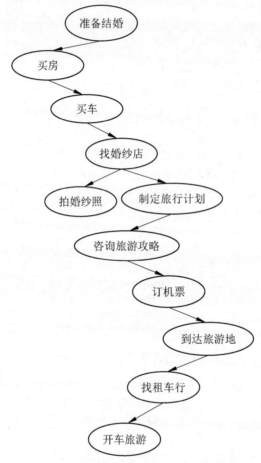

图 5.24　利用二叉树表示事件关系示例图

事件图谱的典型应用是全球事件、语言和语调数据库（global database of events, languages and tone，GDELT）系统。在 Google Jigsaw 支持下，GDELT 系统面向全世界收集广播、报纸、网络新闻及社交媒体信息，建立面向全球的、支持 100 多种语言的海量新闻事件库及知识库，其中有 65 种语言被实时翻译成英语并进行处理。GDELT 主要包含两大数据库，即事件数据库（event database）、全球知识图谱（global knowledge graph，GKG）。事件数据库记录事件发生时间、地点、参与者等近 60 个属性，支持 300 多种类别的事件、数百万个主题和数千种情感，并将它们联系在一起形成网络。该数据库记录了从 1979 年至今的新闻，并每 15min 更新一次数据，实现了海量情报信息的可视化展现，为理解海量情报信息提供有效支持；通过对海量政治事件的建模分析及关联挖掘，可以实现对国际政治事件的定量研究、趋势预测、分析重演等。GDELT 系统是一个免费的开放平台，在学术界，GDELT 已被应用于"新闻事件可视化分析及预测""冲突预测"等领域的研究。

图 5.25 是由 GDELT 系统生成的一个与乌克兰冲突相关的新闻统计图，可以很直观地展示乌克兰冲突在时间维度上的演变过程。

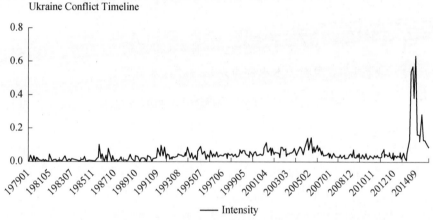

图 5.25　乌克兰冲突事件新闻统计图①

对事件的认识和研究虽然由来已久，但由于事件信息的复杂性和多样性，对事件的识别和抽取方法仍然是一个热门研究方向，在事件图谱数据的基础上进行事件分析和知识挖掘也是一个技术上的挑战。如何与实体知识库相融合，以深入挖掘事件的相关信息和事件的成因，目前在这方面的技术研究和应用还不是很成熟。要把事件的动态执行前提和结果表现出来、衔接起来，需要有相关事件的执行脚本，推演关于事件自身当前的状态和后续状态，分析和寻找事件所涉及实体的变化轨迹，以此更能反映客观世界的变化，更利于做决策分析，实现机器的自我学习。

① Google. Getting started with GDELT + Google cloud datalab: simple timelines [EB/OL]. (2015) [2022-12-22]. https://blog.gdeltproject.org/getting-started-with-gdelt-google-cloud-datalab-simple-timelines.

5.4 事件图谱应用案例

为了直观地理解知识图谱的应用，本节利用事件图谱构建教学过程大数据系统。

5.4.1 大数据能做什么

2009 年，"大数据"开始成为信息技术中的热门话题，这主要源于互联网数据的爆炸式增长。世界著名未来学学者、小说家帕特里克·塔克尔（Patrick Tucker）在其《赤裸裸的未来》（2014）图书封面印有如下文字。

> 过去，先知是神圣、稀有和罕见的。
>
> 现在，人人皆为先知的时代来临了。

智能手机的普及，物联网、边缘计算、高速无线通信等技术的应用，使得每个人每天都可以产生大量的数据，这些数据被上传到云平台，让每个人"赤裸裸"地暴露在信息世界里。帕特里克在书中这样描述数据的价值[①]："这些数据是你拥有并能使用的资产""你的数据将帮助你活得更健康，更短时间内实现更多个人目标，规避麻烦和危险""帮助你了解自我和未来，这是人类历史上从未想象过的能力""如果善加利用，个人数据将成为你的一项超能力"。帕特里克还预见"未来"的教育将改变几千年来未变的讲座授课方式，学生的学习能力、学习兴趣、测试成绩等都将被提前预知和干预，甚至于"本世纪（将出现的）最伟大的思想家对自己思考和学习方式的理解，即使未踏进学校大门，就已经超出了之前任何时代的学生。"

回归现实，大数据技术已经经过了十多年的实践和发展，并伴随着机器学习和深度学习的技术进步，大数据已被广泛应用于各个行业和领域中，已影响了社会的方方面面。大数据有如下两个方向的应用。

☑ 预测预警：通过趋势分析、条件识别和判断、机器学习、深度学习等技术，利用大数据对可能发生的事件进行预测，从而预防灾难和错误的发生，如地震预警、流行病预测、犯罪分子作案地点预测、生产事故预警等。

---

① Tucker, P. 赤裸裸的未来[M]. 钱峰，译. 南京：江苏凤凰文艺出版社，2014：196.

☑ 决策优化：对历史数据进行分析和寻优，分析产生事件的影响因素和效果，获取更
优的执行策略或方式方法，提高执行效率，如自动审批、节能操作优化、业务/生产
流程或参数优化等。

在教育领域，线上课堂、电子黑板、计算机阅卷、课堂智能互动、笔迹数据自动采集
等信息化技术已渗透到教学活动的每个环节，教师和学生在教与学的过程中产生了巨量的
数据，利用这些数据提高教师教学质量、提高学生学习能力已成为可能。

现实世界中的直接反映是事件，通过分析事件信息可以更好地认识世界，相比于知识
图谱的静态知识，把事件信息连接成网络形成事件图谱，利用事件信息的时空属性，可以
更好地了解现实世界的动态变化，有利于做出更为准确的预测和决策。教学信息化平台是
面向业务的信息化系统，教学过程中产生的信息都是以事件的形式反馈到教学信息化平台
中，而且事件信息都是结构化的数据，只要做简单区分和处理就可以抽取相关事件及其属
性信息，相比于非结构化的文本数据分析，教学过程事件信息更容易生成可靠的事件图谱
数据，利用事件图谱可以更真实地表达教学活动过程，所以采用事件图谱表示教学活动过
程数据是较为理想的选择。

5.4.2　教学活动过程中的事件本体设计

一个事件包括时间、地点、人物、动作、效果等信息，通过对事件信息进行分析和处
理，生成事件信息网络（事件图谱），可以很容易满足大数据所需应用。事件图谱是知识图
谱更上层的数据处理技术，并可以兼容知识图谱，即事件图谱中可以包容知识图谱，事件
是知识在时空中展开的，通过人工智能构建的事件—实体一体化知识库，是知识图谱的高
级阶段，常称为"知识图谱 2.0"。

在之前实体数据库用到的知识本体，首先落地的是实体、关系、属性，实体一般不含
结构，实体的部件通过部件（part-of）关系与实体宿主连接。实体的属性通过属性标签同属
性的宿主连接，但是事件含有复杂的结构，体现在以下几个方面。

☑ 事件有自己的特殊参数（参与方、时间、地点）结构，通过角色定义可以说明事件
元素在事件中扮演的功能。

☑ 事件有自己的时空属性，通过时间、地点、来源、主题、指向等时空属性确定自身
与其他事件的时空关系。

- ☑ 事件与事件之间存在着因果、顺承、包含、并发等关系，利用这些关系可以进行事件推理、理清事件传播和演化的逻辑与脉络。
- ☑ 事件内部又可以细分为一系列的子事件，事件之间存在嵌套关系。
- ☑ 事件是动态的，事件的动态发生过程引发事件参与者的角色变化和相关关系、属性等的变化。

从上面的分析可以看出，要建立以事件为中心的事件图谱，对于事件的表示和处理，既要以实体知识库为基础和模板，又要有自己独特的构成要素和架构，最后还要关联到实体知识库。所以要正确地描述事件，需要从以下三个层面建立事件信息网络（事件图谱）：第一个层面要在事件产生的信息中抽取专属事件的各项元素，如事件的时空属性、事件间的相互关系、事件到子事件的分解等；第二个层面要把事件的属性信息关联相应的实体知识库，如事件的参与者信息等；第三个层面要把事件间通过一定的关系关联，以确定事件间的逻辑关系。

首先，教学活动过程事件本体定义如下。

- ☑ 事件发起者（event producer）：指产生该事件的人物或设备，如学生、教师、家长以及产生告警的设备等。
- ☑ 事件参与者（event participant）：指该事件相关的人物或设备，如学生、教师、家长以及产生告警的设备等。
- ☑ 事件发生地（event location）：指产生该事件的地点或系统，如学校、教室、机房、办公室、家庭等，对于无法确定地点的信息则以产生事件信息的系统作为事件发生地。
- ☑ 事件发生时间（event time）：指上传至服务器的数据所带的时间。若数据不带时间，则以服务器收到时的第一个时间作为事件发生时间。
- ☑ 事件生成物（event production）：指因事件发生而产生的相关信息，如学生答题信息、教师批改信息、学生订正信息等。
- ☑ 事件类型（event type）：指用以描述不同教学活动的事件属性，如答题、批改、订正、评价等。
- ☑ 事件所属父事件（parent event）：指该事件被作为子事件的上级事件，如周考事件是学生答题和教师阅卷的父事件。
- ☑ 事件所属子事件（child event）：指该事件所包含的子事件，如学生答题和教师阅卷是周考事件的子事件。

☑ 事件所属兄弟事件（brother event）：指该事件同属同一个父事件的其他事件。

接下来，对事件类型定义如下。

☑ 答题类型：指事件生成物为学生答题过程的事件。

☑ 批改类型：指事件生成物为批改信息的事件。

☑ 订正类型：指事件生成物为订正标记的事件。

☑ 评价类型：指事件生成物为评语、成绩、考评等级等评价信息的事件。

☑ 组卷类型：指事件生成物为试卷、练习的事件。

☑ 提问类型：指事件生成物为学生提交问题的事件。

☑ 发问类型：指事件生成物为教师给学生提出问题的事件。

☑ 备课类型：指事件生成物为教师通过网络提交的教案的事件。

☑ 板书类型：指事件生成物为教师授课过程中在电子黑板上保存的教学内容的事件。

☑ 考试类型：指事件生成物为考试参与人信息的事件。

☑ 告警类型：指事件生成物为因设备发生异常而产生的事件。

事件部分属性类型定义如下。

☑ 事件发起者类型：分为学生、教师、家长、设备等类型；

☑ 事件参与者类型：该类型与事件发起者类型共用相同的类型定义；

☑ 事件发生地类型：分为学校、教室、机房、办公室、家庭等类型；

☑ 事件发生时间类型：分为具体到秒的类型、具体到分钟的类型、具体到小时的类型、具体到天的类型、具体到月份的类型、具体到年份的类型、带星期信息的类型、带节假日信息的类型等；

☑ 事件生成物类型：分为学生答题信息、教师批改信息、学生订正信息、学生提问信息、教师组卷信息、教师评语信息、家长反馈信息、异常告警信息等。

事件关系分为父子关系和兄弟关系，父子关系指一个大事件包含小事件的包含关系，兄弟关系是指同属一个大事件的子事件之间的关系。

事件关系采用二叉树的结构进行存储，二叉树的左结点表示父子关系，右结点表示兄弟关系，利用事件属性中的父事件属性、子事件属性、兄弟事件属性把事件相互关联，兄弟关系的事件按事件发生的时间进行排序后以右结点的形式相互关联。

对教学活动过程知识库本体进行定义：题干内容指学生答题所需的题目信息；知识点指试题考查的知识点信息；出题时间指题目出现的时间；难易等级指学生答题的难易程度，分为难、中、易三个等级，学生答对率 10% 以下为难，答对率 70% 以上为易，其他为中等难易等级；引用次数指被教师用来组卷或练习的次数；易错程度指学生答错的可能性程度，用答错概率表示，即答错人数/答题总人数；关联章节指与教材相关的章节，这里特指人教版教材的章节，其他版本的教材需要通过知识点的比较映射到人教版教材的章节中。

对学生画像属性进行定义：学生的基本属性关联学生信息库；学习能力评价属性包括薄弱知识点、易错知识点、易错题型、综合问题分析能力水平、新知识点接受能力水平；应试能力评价属性包括综合成绩等级、各个科目成绩变化趋势；各学科教师评语包括评语关键字和完整描述文字两部分。

最后，对教师画像属性的定义，需要根据不同学校的需求进行定制化设计。

事件本体中定义了各种属性，可以根据事件属性的类型关联相应的知识库，如学生类型与学生信息库、学生画像库、学校信息库相关联，教师类型与学校信息库、教师画像库相关联，答题信息类型、批改信息与题库相关联，教师评语信息与学生画像库相关联，以此建立映射关系实现自动关联。

5.4.3　教学活动过程大数据系统框架

如图 5.26 所示是一个以事件图谱为核心数据的大数据应用系统，整个系统分为三个层次。

1. 事件图谱生成层

该层主要有以下功能。

事件接收：大数据系统首先要有一个业务接收和响应服务器，在该服务器上通过各种通信协议接收和处理终端发送的业务请求。在该系统中，业务请求被定义为事件。

属性抽取：事件处理服务器根据业务类型判断事件类型，并依据事件类型判断是否需要记录和处理接收的事件，对需要记录和处理的事件则根据结构化信息抽取事件属性。

事件关系分析：根据抽取的事件属性信息，并结合已处理的事件信息判断当前事件与已处理事件的关系，所以关系分析模块需要用一个队列缓存已处理的事件信息。

事件生成物识别：事件生成物需要被进一步分析和识别，才可以把事件中更多的信息关联到知识库，如把批改符号识别成答题的对错、答题内容自动判断对错、评语感情色彩识别和关键字提取等。

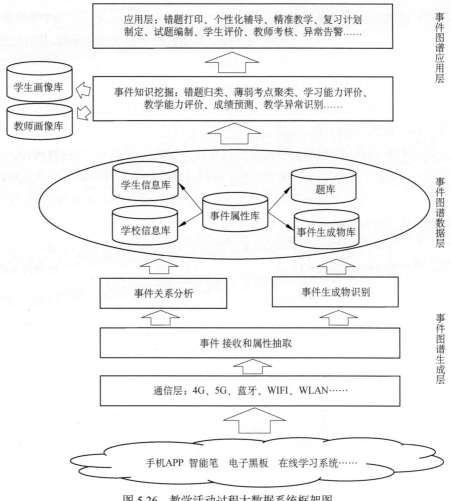

图 5.26 教学活动过程大数据系统框架图

2. 事件图谱数据层

该层以事件属性库为核心数据,事件属性库中的相关属性关联学生信息库、学校信息库和题库,由于事件属性中的事件生成物数据较为复杂和多样,需要把事件生成物属性独立出来建立事件生成物库。

3. 事件图谱应用层

该层是利用事件信息产生所需的应用知识,主要存储在学生画像库和教师画像库中。

在应用层中，一方面根据事件信息实时分析和更新应用知识，更新不仅包括学生画像库和教师画像库，题库中的动态参数（如引用次数、易错程度）也会相应更新；另一方面为响应应用业务需求，从知识库中提取所需要的信息。

图 5.26 的大数据系统框架还隐含了一个算法库。算法库应用于事件图谱的生成和应用，如批改符号识别、相似题判断、关键字提取、文本感情色彩分类等。

事件处理过程是一个持续接收终端请求数据的过程，是一个多轮交互的过程。服务器中的事件处理模块需有一个状态机机制来处理事件，如图 5.27 所示，有等待请求、处理请求、接收和处理数据、结果反馈等状态。服务器在处理终端业务处理请求时获取事件类型、发起者、发生时间、发生地等属性信息。接收和处理数据是一个循环处理过程，在这个过程中获取事件生成物属性信息，在事件处理结束后分析和确定事件关系。

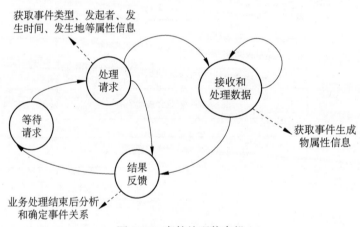

图 5.27　事件处理状态机

5.4.4　教学过程中的事件图谱应用

一个完整的学生学习过程为课前预习、课堂听课、课后练习。一个完整的教师教学过程为课前备课、课堂教学、课后作业批改。学生学习阶段性评价活动包括周考、月考、期中考、期末考等。阶段性评价相对应的教师活动包括试题编制、试卷批改、学生个性化辅导、学生学习情况总结和评价。与这些活动相关的还有知识库，包括题库、学生信息库、学校信息库等。把教学活动过程中产生的事件采用合适的关系连接起来生成事件图谱，并把事件图谱中事件属性与知识库相关联，形成事件图谱与知识库的融合，从而实现事件信息的完整表达，如图 5.28 所示。

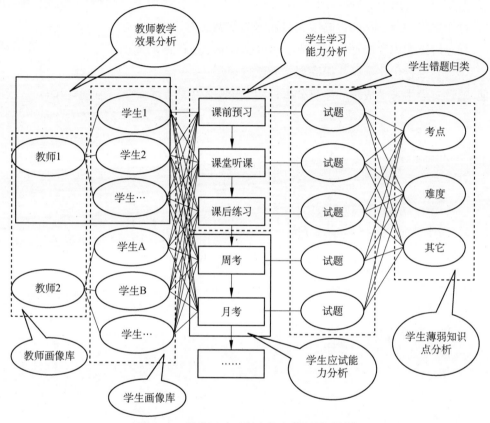

图 5.28 教学活动过程中的事件图谱示例图

从图 5.28 可以看出，事件图谱以事件为中心，横向关联相应实体和知识库，通过对事件图谱一定范围内的数据进行分析，可以得到以下大数据应用。

☑ 通过及时分析事件信息可以实现实时更新并生成学生画像数据，学生画像反映学生的学习能力和学习效果。

☑ 通过及时分析事件信息可以实现实时更新并生成教师画像数据，教师画像反映教师的教学特点和教学效果。

☑ 通过对教师和学生的综合分析，可以得到教师的教学效果数据。

☑ 通过对学生学习新知识的过程分析，可以得到学生学习能力评价数据。

☑ 通过对学生重要考试的结果分析，可以得到学生应试能力评价数据。

☑ 通过对学生所做试题进行相似度分析，可以对学生错题进行归类，以此指引教师进行个性化辅导，从而提高学生对知识的掌握能力。

☑ 通过对试题内容进行识别和判断，可以获取学生的薄弱知识点分布，以便教师对教学内容进行优化选择，提高课堂教学效率。

☑ 通过对学生考试成绩的趋势分析，可以预测学生的考试成绩，发现学生的异常状况。

第6章
让机器学会说话

计算机自诞生以来便有了自己的语言，计算机只认识"0"和"1"，我们需要把现实世界中的信息转换成"0"和"1"形式，这样计算机才能理解和处理。早期的人机交互只能由具有计算机专业知识的工程师和科学家完成，如利用打孔卡进行数据的输入和输出、采用命令行输入让计算机执行各种操作。随着个人计算机走入千家万户，人机交互的方式也经历了命令行界面、图形界面、触摸屏界面、语音交互界面、手势控制等，变得越来越便利，计算机已成为人们越来越离不开的工具。

人类有别于动物的主要特征之一是人类拥有复杂逻辑的语言表达能力。人类发明了计算机，并赋予计算机自己的语言。但人类的语言与计算机的语言之间存在一道巨大的鸿沟，计算机难以理解人类的语言，如何让机器学会说话，这在计算机的发展中始终是人类的梦想。

6.1 语言的起源

语言的出现是人类社会发展的一个关键里程碑。尽管人类确切使用语言的时间无法确定，但学者们普遍认为，人类语言的起源可以追溯到数十万年前的旧石器时代。

语言起源于人类祖先的交流需求。随着人类社会变得更加复杂，人们需要一种更高效、更精确地表达思想和意图的方式，这种需求催生了语言的出现。

6.1.1　不是只有人类才拥有"语言"

关于语言有各种各样的定义，其中大部分的定义是以人类为出发点，把语言作为人类特有的能力。其实语言的定义有广义和狭义之分，人类语言学家对语言的定义是狭义的定义，专注对人类语言的分析和研究，从广义的角度，语言是信息交流的媒介。信息交流的形式有面部表情、手势、姿势、口哨、手语、文字、化学物质传播、舞蹈等。自然界中的生物是非常复杂和多样化的，不同生物个体之间也存在着信息交流的需要，随着我们对自然界研究的不断深入，可以发现其他生物也存在着丰富的"语言"交流。[①]

脑神经研究表明，鸟类拥有控制发声的左脑，类似于人类有控制说话的左脑一样，已经可以证实鸟类能够把不同的蕴意和不同的声音相互联系起来。但鸟类在发音能力和表达上个体差异很大，鹦鹉被称为鸟类中非凡的"语言学家"，经过训练的鹦鹉，不仅可以学习人类的语言，还可以在相当程度上理解人类语言的意思并用相似语义的内容来回答。

6.1.2　人类语言的形成过程[②]

由于人类语言的复杂性和有别于动物的特有能力，在早期人们把语言归因为上帝赐予的能力，随着科技的进步和考古的发现，现在，我们对人类语言的形成过程已有了科学的认识。

人类语言的产生与人脑的发育有紧密的关系，在人类进化过程中，人脑的容量逐渐增大，从而使得人类可以表达并处理复杂的逻辑信息，如图 6.1 所示。

人类进化主要可以分为以下五个阶段，在这五个阶段中，人类语言逐渐发展起来。

第一阶段：410 万年前出现的南方古猿

由于南方古猿的喉头和声带结构不够复杂，脑容量也只有 400～500mL，南方古猿只能发出咕噜声、尖叫声、叹息声等简单的声音，在这个阶段还不具有复杂语言的能力，只是通过简单的声音和手势进行交流。

---

① Fischer S R. 语言的历史[M]. 崔存明，胡红伟，译. 北京：中央编译出版社，2012：1-20.
② Fischer S R. 语言的历史[M]. 崔存明，胡红伟，译. 北京：中央编译出版社，2012：21-39.

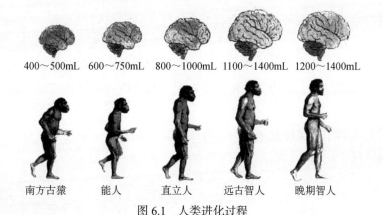

400～500mL　600～750mL　800～1000mL　1100～1400mL　1200～1400mL

南方古猿　　能人　　直立人　　远古智人　　晚期智人

图 6.1　人类进化过程

第二阶段：240 万年前出现的能人

这个时期的能人还是无法发出复杂的语言声音，但大脑的容量有所增大，达到了 600～750mL。人们第一次发现了能人的大脑里存在布罗卡区凸起的部分，这是语言和符号语言产生的必备大脑区域，能人可能拥有最基本的语言神经通道。

第三阶段：200 万年前出现的直立人

这个时期的直立人慢慢地变成了完全食肉动物，研究者认为食肉为主的饮食提供的多余能量使得产生了更大的大脑，直立人的脑容量又扩大了 1 倍，达到了 800～1000mL。大约在 100 万年前，直立人的喉咙和声带已得到了进化，可以发出复杂的不同声音，更大的大脑使得直立人可以制造更复杂的工具，社会活动也更复杂，这个时期的直立人可能已经能够通过简单的语句进行语言交流。

第四阶段：30 万年前出现的智人和尼安德特人

这个时期的人类语言已可以表达复杂的句子了，复杂的句子使得人类的思维更具有逻辑性，并使得以语言为基础的社会成为可能。大多数专家认为尼安德特人使用了非常接近于现在人类的初级语言，更加复杂的人类思维过程可能通过更加复杂的语句来完成，人类大脑容量快速的增大似乎同更加复杂的人类语言所提供的更加复杂的思考过程同时出现，句法成了他们有声语言的核心。

第五阶段：15 万年前出现的晚期智人

在这个时期，我们今天所知道的、语言表达所必需的所有身体条件都已存在。发音清楚的语言使得符号推理成为可能，他们已不再仅仅是会说话的类人猿，而是能够使用符号的类人猿，人类已开始能够利用自然和改造自然了。

在没有文字出现之前，关于人类语言的进化过程很难得以直接考证，我们只能从人类器官的进化进行推测，从上述的进化过程可以明显地说明人脑容量的增大为语言的产生创造了条件。

为什么只有人类才有这样复杂逻辑的语言？这个问题可以通过不同动物的脑神经与人脑的对比得到解释，如图 6.2 所示。

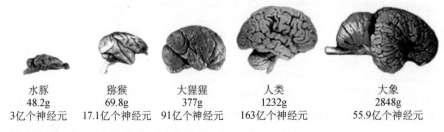

水豚	猕猴	大猩猩	人类	大象
48.2g	69.8g	377g	1232g	2848g
3亿个神经元	17.1亿个神经元	91亿个神经元	163亿个神经元	55.9亿个神经元

图 6.2　不同动物的脑与人脑的质量和大脑皮层神经元个数对比

从图 6.2 中的神经元个数可以发现，虽然大象的脑体积较大（总的神经元数量也更多），但大脑皮层的神经元个数仅是人类的三分之一，所以虽然大象比较聪明，但没有具备像人类那样的复杂语言，从而也可以知道要表达丰富的思想和逻辑需要巨量的神经网络，这正好反映了人类语言活动的复杂性。

人脑的进化不是源于语言的进化，而是在群体活动过程中首先促进了脑的进化，再促进了语言的进化，如饮食结构的改变使得人类有充足的能量供应人脑的消耗（我们现在的大脑的能量消耗约占人体总消耗的 20%）和发育。人类在会使用火并学会烹饪后，就能吃更多的肉类，而且熟食可以使得脂肪和蛋白质更容易被消化系统吸收，从而可以为人脑提供更多的能量和蛋白质，这为人脑的进化提供了物质基础。还有如工具的使用和群体生活的需求，使得人类需要有更为复杂的语言去沟通和交流，这逐渐使得人类交流的语言越来越复杂，最终让人类语言具有更深的思维性质和逻辑性，这也使得人脑结构越来越复杂。语言和人脑就是在这样的相互促进中产生了人类特有的复杂语言，但这是一个极其漫长的过程，需要几百万年的进化。

部族的衰落和流动，战争和疾病，意外事故和气候变化，导致成千上万的语言和语系出现和消亡，有的甚至没有留下任何踪迹。贸易、异族通婚、迁徙、战争和统治又使得不同族群的语言相互影响和变化，在语言平衡（类似于生态平衡）持续发展的数千年时间里，最初的语言通过好几种不同语言集合形成语系，部族的强盛带来了语言的强盛，部族的衰亡带来了语言的衰亡，这是一个断断续续的发展过程，最后才产生了我们今天使用的语言。

6.1.3　文字的产生①

语言的表达主要包含口语和文字两个方面（虽然手势也是一种语言表达方式，但对语言的影响较小，不是普通人类的主要沟通方式），人类是先学会了说话，然后才学会了文字表达，在文字与口语的相互作用下，人类的语言具有越来越强的逻辑性，也使得语言越来越抽象和复杂化。

文字有表音和表意两种文字，印欧语系的文字是表音文字，而中文是表意文字，也是当前世界上仅存的象形文字。中文起源于甲骨文，如图6.3 所示，有意思的是，在商朝，甲骨文上的文字与语言无关，甚至可以认为是占卜术士的"涂鸦"，并且有点故弄玄虚，甚至没有意义，只有少数人才看得懂，后来周人学习商人（夏商周的文明各不相同，曾经共存过一段时间）的占卜方法，并固化了甲骨文上的符号，使得符号变成有意义的文字，并用不同的发音表示，中国的《诗经》便是在这个时候形成的，这就是中文没有形成表音文字的原因②。

图 6.3　甲骨文

图 6.4　楔形文字

① Fischer S R. 语言的历史[M]. 崔存明，胡红伟，译. 北京：中央编译出版社，2012：40-83.
② 杨照. 经典里的中国之诗经篇[M]. 桂林：广西师范大学出版社，2016：147-159.

中国早期的文字与语言是平行发展，没有交集。到了公元前 1000 年左右，才让这套原本不是依照声符原理设计的文字用来记录语言，但在较长的时间里，人们的书写还是用文言文的形式，在白话文未出现之前，可谓是"说一套，写一套"，这使得中国的语言变得异常复杂，甚至让人觉得没有语法，西方的语法逻辑思想也只是在清末时期才被引入。

印欧语系的文字是表音文字，这源于印欧语系的文字一开始就发展出了表音的特性。文字产生于基本的需求——记账，在底格里斯河和幼发拉底河之间的地带，考古发现公元前 8000 年左右的黏土记事版，记事版上记录了如装油或酒的罐子的数量和土地面积，这可能是人类文字最早的"先驱"。公元前 2500 年左右，中东的苏美尔人创造了楔形文字，如图 6.4 所示，这是一种非常高级的、具有标准化和抽象化的象形文字，它能表达苏美尔语言中所有的事情，楔形文字成就了光辉灿烂的巴比伦文化，随着古巴比伦帝国的消亡和波斯帝国的兴起，楔形文字被更容易使用的表音文字所取代。大约 5400 年前，古埃及就已有了表音文字和象形文字，其后，包含 24 个音节的埃及圣书文字被演化成有 22 个音节的最早期的西闪米特文字，在西闪米特表音文字的基础上，随后产生了阿拉伯、蒙古、满族、叙利亚、亚拉姆、巴拉维等语言的文字，并促进了印度梵文和其他南亚地区文字的产生，所以这些后来的文字都体现了表音文字的特点。

3000 年前，希腊人对表音文字的发展做了最伟大的贡献。希腊人把元音引入黎凡特的辅音字母表中，建立了一个简单、实用、高效的字母表，字母表由单独的元音和辅音组成，根据口语的发音顺序把辅音和元音组合起来，形成完整的单词，这样可以为大多数的语言做出精确且实用的提炼，西欧和东欧所有的文字都起源于希腊字母表。大约在公元 9 世纪，斯拉夫人利用希腊字母表创建了斯拉夫文字，这便是今天俄罗斯文字的来源。公元 800 年左右，罗马人对希腊字母进行修改建立了拉丁字母表，形成了拉丁文字体系，如现在的意大利语、法语、西班牙语等。后来北欧的日耳曼语言也逐渐借鉴了拉丁字母，形成了日耳曼文字体系，如现在的德语、瑞典语、荷兰语、英语等，世界主要语言分布如图 6.5 所示。

书面语言的产生，使得语言逐渐趋同化、标准化，并固化了语言的形式和语法，从而放慢了语言变化的进程。然而，所有的文字体系，都不是完美的，而且是在动态变化中的，几乎所有的文字都是人类语言的近似而不是再现。尽管如此，文字仍然是现存语言不可或缺的表达方式，语言也动态地促进了文字的发展。

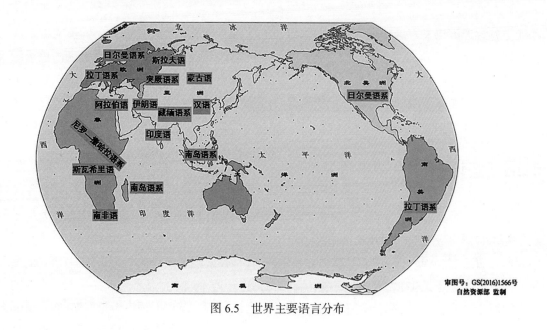

图 6.5　世界主要语言分布

6.2　汉语和英语的语言差异

　　虽然计算机出现于 20 世纪 40 年代，但直到 70—80 年代，计算机才具备了处理汉字的能力，1980 年中国编制了 GB2312 汉字编码，王选研制的计算机汉字激光照排系统和王永民发明的汉字五笔输入法打破了外国专家的断言："只有拼音文字才能救中国，因为汉字无法进入计算机。"但在人工智能技术领域，对汉语的分析和处理远比英语要复杂得多，词语的不确定性、语法的不确定性、语义表达的多样性等，为中文自然语言处理（NLP）技术带来了一个又一个的难题，甚至有时给人一种"无解"的感觉，对汉语和英语进行语言上的比较有助于我们更深入地探索计算机理解和表达汉语的能力。

　　语言的差异源于历史文化、宗教信仰、自然条件、价值观念、传统习俗、社会习俗等的差异，汉语的文字属于表意文字，而英语的文字却是属于表音文字，文字上的差异也导致了中西方思维方式上的差异。思维的载体是语言，属于象形文字的汉字，是立体的结构，有很强的具象性，词语用法和语法更为灵活，汉语表达相对较模糊，需要通过综合性分析

183

才能更好地理解语义，这使得中国人的思维更长于综合性思维和形象思维。而英文则是表音文字，是完全符号化、抽象化的文字，符号之间通过严谨的语法逻辑组织起来，英语表达较精确和严谨，更具有推理性，使得西方人的思维更长于分析思维和抽象思维，思维上的差异进一步加深了两种语言表达上的差异[①]。下面我们从技术处理的角度来分析和比较两种语言的差异。

6.2.1　词语

根据北京国安资讯设备公司的汉字字库，汉字共有 91 251 个[②]，但其中绝大部分是偏僻字，根据 1988 年出版的《现代汉语常用字表》，常用的汉字共有 3500 个，由这些汉字构成了绝大部分的词语，通过在线汉语大辞典可以知道词语数量有近 40 万个，当然，随着语言的变化，词语的数量会一直在增长中，其实，日常生活中一万个词语已基本可以满足语言交流的需求。而英语是由 26 个字母组成的词语，根据多方统计源，英语的词汇数量在 70 万 到 100 万之间，根据"Test your vocab"网站上两百万份测试的结果，大部分母语为英语人的单词量为 20 000～35 000。从满足语言沟通所需要的词语数量上来看，汉语需要掌握的词汇量较少，并且对于新词，汉语很容易理解其语义，而英语是符号语言，很难从词语中知道其语义，需要对其进行解释才能理解，当然，对于有些通过增加前后缀的词语，也很容易猜出其语义。

在语句中，中文词语没有分界标识符，甚至在"新文化运动"前，连句子的分割符都没有，这对中文处理带来了很大的挑战，而英语不仅有标点符号，而且词语之间又通过空格和标点符号相分隔。词语是语义表达的重要单位，所以对于中文的自然语言处理技术，需要采用分词算法进行分词，但对于一些带有歧义性的分词会导致分词的不确定性，从而影响语义的正确理解，如下面的两种分词结果导致所要表达的语义完全不一样。

"乒乓球拍卖完了"

分词结果 1："乒乓球/拍卖/完/了"

分词结果 2："乒乓/球拍/卖完/了"

---

①　温宏礼. 中西文字的差异对思维方式的影响[EB/OL]. (2012-02-11) [2023-02-11]. https://www.sohu.com/a/449497823_120142689.

②　周文斌."国安资讯"建立新的汉字库和字符集[N/OL]. 光明日报, 1999-11-29 [2023-02-11]. https://www.gmw.cn/01gmrb/1999-11/29/GB/GM%5E18255%5E1%5EGM1-2906.HTM.

对于带有歧义性的分词，需要有上下文语义的理解才能得到正确的分词结果，如上面的例子。如果是描述拍卖会的事件，则分词结果 1 是正确的；如果是在店铺里发生的事件，则分词结果 2 是正确的。这对于人脑来说是件很容易的事，因为我们可以接收到更多的信息来理解这个句子的意思，而对于计算机来说则很难。目前的深度学习技术已可以避开分词的难题，采用字嵌入和位置嵌入的方法来避开分词算法所带来的"坑"，但在大部分的中文 NLP 技术中分词算法还是最基础的算法。

英语的单词有形态的变化，如单数和复数、过去时和现在时，这让我们很容易分析出语义上的时间属性和数量属性。而中文需要通过介语和助词在结构上去识别动作发生的时间，对于数量属性，如果没有明显地表达出数量，则显得非常模糊不清，如下面的三种表达。

表达正在做的事："我在打篮球"。

表达已做的事："我打了篮球"。

无法说明数量："我吃了他送给我的苹果"。

中文的同一句话可以表示不同的时间，而英文却有明显的时态之分，如下面的两种表达。

问：你昨天下午在干嘛？中文回答：打篮球。英文回答：I was playing basketball.

问：你明天打算做什么？中文回答：打篮球。英文回答：I am going to play basketball.

英文的词性相对较固定，对英语文本进行词性标注更容易实现准确度较高的自动化算法，而中文的词性较多变并且在句子中的位置也不固定，自动化标注的词性难以避免出现错误，如下面的两个句子很容易出现歧义性的标注。

作为形容词出现的"麻烦"："这事麻烦了"。

作为动词出现的"麻烦"："麻烦你了"。

在词语的种类上，英文分为 10 个大类，中文有 12 个大类，如图 6.6 所示。

实词		虚词	
英语	汉语	英语	汉语
名词	名词	介词	介词
动词	动词	连词	连词
代词	代词	叹词	叹词
形容词	形容词	**冠词**	**助词**
副词	副词		拟声词
数词	数词		
	量词		

图 6.6 词语的种类比较

汉语词语的灵活性和词语划分的不确定性，为以结构分析为主的中文 NLP 技术带来了不小的挑战，如词性标注和识别、语义角色标注和识别、指代消解、省略消解等算法远比英文中的算法要复杂，而且可靠性更低。

6.2.2　语法

在语法层面，汉语的词语由于没有性、数、格、时态、前缀、后缀等的区分、限制和修饰，这使得汉字的定位功能相对灵活，也使得汉语表达更具艺术性和美感，如古诗词中跳跃性的表达所产生的意象性美感，这在英语中是很难做到的。而英语有严格的性、数、格、时态、前缀、后缀，以及严谨的主谓宾定补状的句子成分划分，导致词的定位灵活性差，词的位置限制性很大。因此汉语在词法和语法上约束较弱，而英语的语法系统较严谨和完备。在语法上，英语强调刚性定位、固化指谓，而汉语强调意义的积聚性，英语注重单词、句子、段落之间的关系，汉语注重整体定位法，强调位置的重要性，英语追求语法上具有逻辑推理性，但汉语则追求简捷而少推理，重直觉而轻论证，有些甚至需要依靠悟和意会。如下面两种语言的句子结构。

模糊不清的句子结构，如"武松打死老虎成为一时的佳话。"

主谓宾清晰可辨的句子结构，如"It has become a popular story that Wusong killed the tiger."

在中文语句中，相同的句子可以有多种句子成分划分方法，从而导致不同的语义理解，而对于英语表达则较少出现这样的情况，中文语句划分示例如下。

"这张照片里是小明和小刚的爸爸。"

一种句子划分方法：这张（定语）/ 照片（主语）/ 是（谓语）/ 小明（宾语）/ 和（状语）/ 小刚的爸爸（宾语）。

另一种句子划分方法：这张（定语）/ 照片（主语）/ 是（谓语）/ 小明和小刚的（定语）/ 爸爸（宾语）。

英语中不同词性的词语在句子中的功能相对较固定，如图 6.7 所示。而汉语中不同词性的词语在句子中的功能则是灵活多变的，如图 6.8 所示。

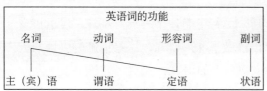

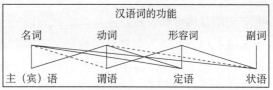

图 6.7　英语单词的词性在句子中的功能　　　　图 6.8　汉语单词的词性在句子中的功能

在英语中，除个别词外，不允许介词的省略，而对于汉语，只要语境允许，句子任何成分，甚至包括重要的虚词，都可以省略，如图 6.9 所示。

英语中，两个动词不可直接相连，而对于汉语没有这样的逻辑限制，如"我打算离开这里""我得回家做作业""很多人喜欢开车旅游"等，汉语还会

（把）身份证拿出来。
玻璃（被）打碎了。
（在）今晚把钥匙送来（给我）
（从）厦门到福州，要一个小时动车。
后果（由）你们负责。

图 6.9　汉语虚词省略示例

出现双宾的情况，如"王老师教我们语文"，这在英语中是不会出现的。甚至汉语中同一种语法关系可以隐含较大的语义容量和复杂的语义关系，并且没有任何形式标志，而对于英语来说，这样的表示方法不符合逻辑关系，示例如下。

吃苹果	↔	eat apple
吃大碗	↔	have a big bowl of
吃食堂	↔	eat in canteen
吃利息	↔	cost interest
（一锅饭）吃十个人	↔	Ten people eat a pot of rice

汉语语法是个"舶来品"，长久以来，汉语的文字表达与口语表达相脱节，在套用西方的语法分析逻辑后，汉语语法显得异常复杂。中文重表意而轻表形的语言特点，导致汉语中对语义的理解严重依赖于语境的分析，使得具备结构严谨的英文语法分析方法在应用到中文时显得难以适从。在 NLP 技术中，中文如果脱离上下文的分析，仅从语法上去分析语义，则往往无法得到理想的效果，这也是中文的 NLP 技术总是落后于英文的 NLP 技术的主要原因。

"新文化运动"后，汉语改造迎来了高潮，如"白话文运动"。旧时代的汉语表达及汉字难学、难写、难懂引起了不少学者对汉语进行改革的"冲动"，甚至差点要抛弃掉表意的象形文字，改用西方的表音文字，但在一片争论中最终没有"得逞"，这也让中国悠久的历

史文化得以传承和发展。中华人民共和国成立后，实行了简体字书写，制定了汉语拼音，开展了"扫盲运动"和普通话普及，并对汉语语法做了深入研究，这些措施为汉语的推广和使用扫除了障碍，使得汉语成为世界上使用人口最多的语言。

6.3 Transformer 模型

19 世纪，科学家发现了神经元的存在，卡米洛·高尔基（Camillo Golgi）用硝酸银染色法使神经组织可以被观察到，1891 年，瓦尔岱耶（Wilhelm von Waldyer）首次提出了"神经元"概念，并正式建立了神经元学说。神经元是神经系统的主要组成部分（其他还有神经胶质细胞），其示意图如图 6.10 所示。植物和真菌没有神经组织，除了海绵和扁平动物以外的所有动物都有神经组织，我们正是通过这样的神经组织感知外面的世界、控制身体的运动、思考生活中的问题等。一直以来，人们通过研究神经组织和人脑机理，从而获得人工智能技术的研究思路。

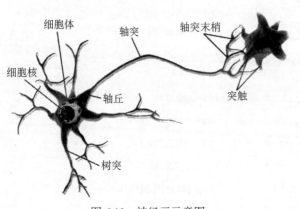

图 6.10 神经元示意图

6.3.1 人工神经网络

1943 年，McCulloch 和 Pitts 根据神经元的机理首次建立了模拟神经元的数学模型——MP 神经元模型，如图 6.11 所示[1]。

---

[1] McCulloch W S, Pitts W. A logical calculus of the ideas immanent in nervous activity [J]. Bulletin of Mathemathical Biophsics, 1943, 5: 115-133.

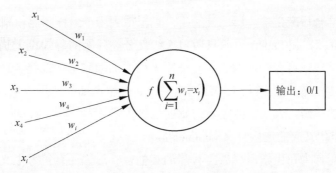

图 6.11　MP 神经元模型

这是一个非常简单的模拟神经元的数学模型。x_i 为输入数据，w_i 为权重，$f(x)$ 为激活函数，激活函数是一个阈值判断函数，输出为根据阈值判断的结果。从形式上看它很像一个神经元的结构，但无法模拟真正的神经元，真正的神经元机理远比该模型复杂，而且该模型也没有考虑到神经元是如何学习外界刺激的。直到 1949 年 Hebb 揭示了神经元的学习方法，即当两个神经元一起放电，同时发出脉冲时，它们之间的联系（突触）会变得更强，神经元便产生了学习。虽然这是一个难以实用的数学模型，但 McCulloch 和 Pitts 开创了人工神经网络研究的先河。

1957 年，Rosenblatt 提出了感知机（perceptron）的概念。感知机是一个只有一层的神经网络，是人工神经网络的"鼻祖"。感知机是一种线性二分类器，即通过训练把两种类别的样本进行线性划分。这跟 SVM 算法很相像，只是 SVM 算法更复杂，SVM 算法可以把原数据映射到高维空间中，使得原本线性不可分的数据变成线性可分的数据，而感知机只能针对线性可分的数据。感知机采用阶跃函数（heaviside function）作为激活函数，即它还是一个只能输出 0 或 1 结果的人工神经网络算法，并且感知机无法模拟非线性的函数。

为了解决感知机无法适应非线性可分的分类问题，1960 年，Widrow 和 Hoff 提出了 Delta 学习法则，也称为最小均方差法则（least mean square rule，其中均方差函数是一种损失函数），采用梯度下降算法更新学习参数，即利用均方差的下降梯度更新神经网络中的权重，该算法可以使训练结果收敛到最佳近似解，这是反向传播算法（back propagation，BP）中的一种特例，但该算法存在收敛慢和难以寻找全局最小值的问题。

1968 年出现了一种具有多层的前馈神经网络（网络层数达到 8 层，通常认为是最早的深度学习神经网络），也称多项式网络，采用数据分组处理方法（group method of data handling，GMDH），GMDH 的初始化不需要设置神经元个数和网络层数，采用自适应线性函数（多项式函数）作为神经元，其训练是一个不断产生活动神经元的过程，生成的活动神经元经过筛选结合后产生下一层的神经元，直至得到一个最佳预测模型。

1969 年，Minsky 和 Papert 说明只适用于线性分类问题的感知机无法解决异或问题，因为异或问题不是线性可分的问题（后被证明采用增加隐藏层和选择合适的激活函数可以解决该问题），再加上在实践中人工神经网络并没有产生预期的理想效果，浇灭了人们对人工智能技术研究的热情，人工智能技术的发展也陷入了低谷。

20 世纪 80 年代兴起的连接主义（connectionism）运动又掀起了一波人工神经网络研究高潮，连接主义也称为仿生学派（人工智能的其他哲学思想还有符号主义、演化主义、贝叶斯主义、行为主义等），仿生学派旨在研究人脑的运行机制，把人脑的研究成果运用于人工智能的技术研究。福岛（Fukushima）与神经生理学家、心理学家密切合作，通过研究人脑中视觉皮层的两种细胞，S 细胞和 C 细胞（S 是 simple 的首字母，C 是 complex 的首字母，这两种细胞以级联的排列形式实现模式识别任务），以此建立多层神经网络并结合学习规则修改神经网络内部的相互作用，从而实现灵活的模式识别和机器学习。1979 年，福岛发表了他的人工神经网络构建方法，并把他设计的人工神经网络命名为 Neocognitron（认知机），如图 6.12 所示，这是一个自组织和多层的人工神经网络，是卷积神经网络的雏形，与后来的深度前馈神经网络（deep feedforward neural networks，D-FFNN）非常相似，该人工神经网络通过训练可以成功识别 0～9 的手写数字。

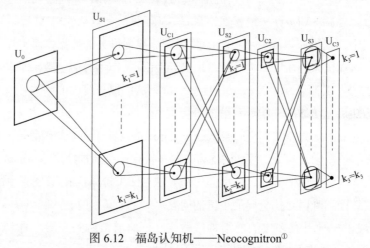

图 6.12　福岛认知机——Neocognitron[①]

① Fukushima K. Neocognitron: a self-organizing neural network model for a mechanism of pattern recognition unaffected by shift in position [J]. Biol. Cybernetics, 1980, 36: 193-202.

从统计物理学中的伊辛模型（Lsing model）得到启发：相邻的小磁针之间通过能量约束发生相互作用，同时又由于环境热噪声的干扰而发生磁性的随机转变。1982年，Hopfield 提出了一个具有全连接、反馈、递归性质的神经网络，如图 6.13 所示。这是一个不同于前面所介绍的神经网络，该神经网络中每个神经元既是输入端也是输出端，没有隐藏神经元，也无法对神经网络分层，通过建立一个能量函数来学习和优化神经元之间相互连接的权重，神经元的激活函数可以是离散的二值函数，也可以是连续函数（如 Sigmoid 函数）。当激活函数是离散的二值函数时，该神经网络具有联想记忆的功能，相当于一个

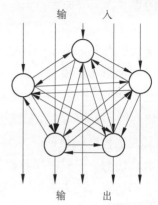

图 6.13　Hopfield 神经网络示意图

内容可寻址存储器（content-addressable memory），也可以用于模拟信息和数字信号的转换（A/D 转换）。当激活函数是连续函数时，可以适用于解决组合优化的问题（但用离散函数也可以解决），如寻找最短路径的旅行商问题（TSP）。Hopfield 最初把这样的神经网络定义为可寻址存储器/分类器（content-addressable memory/categorizer），后来简称为 Hopfield 网络。

反向传播（back propagation，BP）学习算法虽然在 20 世纪 70 年代就已被提出，但直到 80 年代才成功得以应用，并重新燃起了神经网络的研究和应用高潮。典型的成功应用是 1989 年出现的手写数字识别算法，该算法采用了卷积神经网络和反向传播学习算法，在 90 年代末成功应用于美国的已兑支票处理系统中。

1989 年，Kurt Hornik 等论证了利用神经网络可以逼近任意连续函数的定理（万能近似定理，universal approximators theorem），即一个具有有限数量神经元的单隐藏层神经网络能够以任意精度逼近定义在紧致输入域上的连续函数，前提是神经元的激活函数是非常数、有界和单调递增的。换句话说，只要神经网络具有足够的神经元和正确的激活函数，它可以通过学习表示任何函数，不管目标函数有多复杂。这显示了神经网络的强大能力，但这很快被泼了冷水，1991 年，Hochreiter 研究发现层数较多的神经网络，在利用反向传播训练算法时出现反向传播的信号无限降低或无限增长的情况，即梯度消失或梯度爆炸问题。为解决该问题，1992 年，Schmidhuber 在超过一千层的 RNN 模型上先采用无监督的预训练，以提高后续的有监督训练速度，这后来成为深度学习普遍采用的训练方法，但这已是十年

后的事了。

人工神经网络在优化过程中存在多极值问题，它不是一个凸优化的过程，使得训练结果难以预料，单层的神经网络虽然容易训练，但无法满足应用需要，多层的神经网络难以训练出实用模型，这使得在 20 世纪 90 年代人工神经网络的研究又陷入了低谷。特别是 1995 年出现了性能优异的支持向量机（SVM）算法，其风头大大盖过了人工神经网络算法，成为研究者和工程师普遍接受和采用的机器学习算法，直至深度学习的出现。但是人工神经网络的研究并未因此而停止其发展脚步，1995 年出现了可以应用于图像和语音切割、生成时序数据的振荡神经网络（oscillatory neural network），1997 年出现了具有记忆能力的人工神经网络——长短期记忆（long short-term memory，LSTM），1998 年随机梯度下降算法（stochastic gradient descent algorithm）与反向传播算法相结合以提升卷积神经网络的训练效果，成功应用在具有七层结构的 CNN 模型中，该模型具有识别手写数字的能力。

2006 年，人工神经网络在技术上得到了突破。在称为深度置信网络（deep belief networks）的多层人工神经网络上，Hinton 等采用贪婪分层预训练方法（greedy layer-wise pre-training）进行人工神经网络的训练，显示了该训练方法的有效性。这是一个无监督学习过程，为了能够更好地推广人工神经网络技术，Hinton 等把该项技术称为深度学习（deep learning）。2012 年，Alex Krizhersky 利用深度学习技术赢得了 ImageNet 大规模视觉识别挑战赛（ImageNet Large Scale Visual Recognition Challenge），并把准确率提高了 10%以上。在同一年，Google Brain 发布了一个名为 *The Cat Experiment* 的项目，该项目使用了由一千多台计算机构成的神经网络，从 YouTube 视频中随机抽取一千万张未标记的图像进行训练，在训练结束时，发现最高层的一个神经元对猫的图像有强烈的反应，该项目的创始人吴恩达（Andrew Ng）对此还说："我们还发现了一个对人脸反应非常强烈的神经元"，这充分揭示了无监督学习在人工神经网络中训练的有效性。从此，深度学习技术越来越受到了人们的关注和深入研究。如图 6.14 所示，2016 年，利用深度学习技术实现的围棋机器人 AlphaGo 战胜了世界围棋顶尖高手李世石，更是触发了人们对

图 6.14　AlphaGo 与李世石之间的围棋赛

人工智能技术的热情和美好期望。2019 年，Yoshua Bengio、Geoffrey Hinton、Yann LeCun 因此荣获了图灵奖。

　　GPU 的使用大大加快了人工神经网络的计算速度，甚至还出现了专门用于神经网络计算的 CPU，如谷歌的 TPU（tensor processing unit），信息化技术已渗透到社会的方方面面，所产生的巨量数据为人工神经网络的训练提供了数据基础，硬件和数据大大加速了深度学习技术的发展。同时出现了各种各样的深度学习框架，如 TensorFlow、Caffe、PyTorch、Keras、MXNet 等，在人工神经网络的训练和优化实践过程中，也出现了很多工程技巧，如采用 Dropout 方法避免过拟合问题，采用振流激活函数（rectified linear unit，ReLU）解决梯度消失的问题（也有加快训练收敛的作用），采用池化技术进行特征降维并可以缓解过拟合问题，其他还有如 Maxout、Zoneout、Deep Residual Learning、Batch Normalization、Distillation、Layer Normalization 等训练和优化方法[①]。

　　2017 年 Google 推出 Transformer 模型，这是一个由解码器（decoder）和编码器（encoder）组成的深度神经网络框架，最开始被应用于 NLP 领域，如机器翻译。随着多模态机器学习（multimodal machine learning，MMML）的进一步发展，Transformer 成了 AIGC（AI 生成内容）技术的基础技术，利用 AIGC 技术，AI 模型可以根据文字提示信息生成所需要的文字内容，还可以生成图像或声音的其他模式数据，困扰多年的人机对话领域也得到了突破。2022 年，OpenAI 率先推出了通过对话形式帮助人类解决各种问题的 AI 大模型——ChatGPT，这是人类历史上第一个真正具有实用意义的人机对话模型，OpenAI 利用 GPT（generative pre-trained transformer）技术学习了全世界几乎所有的知识以及多种语言，以此为基础构建知识引擎，然后通过对话进行调试实现自然语言处理能力，它不仅能处理语言，还可以利用知识约束语言解释的空间，并具有强大的学习能力和推理能力。如下内容是在 Cursor 工具（一个利用 ChatGPT 技术进行辅助编程的工具，早期发布的版本对对话内容没有进行限制）中生成的对话。

　　从如图 6.15 所示的对话内容中可以发现 ChatGPT 3.5 具备了逻辑推理和计算能力，更神奇的是它还能够进行编程，如图 6.16 所示。

　　Cursor 也可以通过对话的形式实现各种信息咨询，并且支持多种语言的描述和翻译，如图 6.17 所示。

---

① Minar M R., Naher J. Recent advances in deep learning: an overview [R/OL]. (2018-07-21) [2023-02-11]. arXiv:1807.08169v1 [cs.LG]. 2018-02-11.

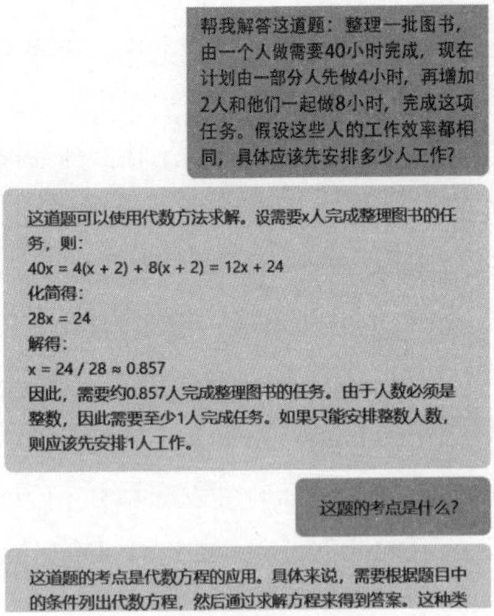

帮我解答这道题：整理一批图书，由一个人做需要40小时完成，现在计划由一部分人先做4小时，再增加2人和他们一起再做8小时，完成这项任务。假设这些人的工作效率都相同，具体应该先安排多少人工作？

这道题可以使用代数方法求解。设需要x人完成整理图书的任务，则：
$$40x = 4(x + 2) + 8(x + 2) = 12x + 24$$
化简得：
$$28x = 24$$
解得：
$$x = 24 / 28 \approx 0.857$$
因此，需要约0.857人完成整理图书的任务。由于人数必须是整数，因此需要至少1人完成任务。如果只能安排整数人数，则应该先安排1人工作。

这题的考点是什么？

这道题的考点是代数方程的应用。具体来说，需要根据题目中的条件列出代数方程，然后通过求解方程来得到答案。这种类……

图 6.15　数学题解答对话

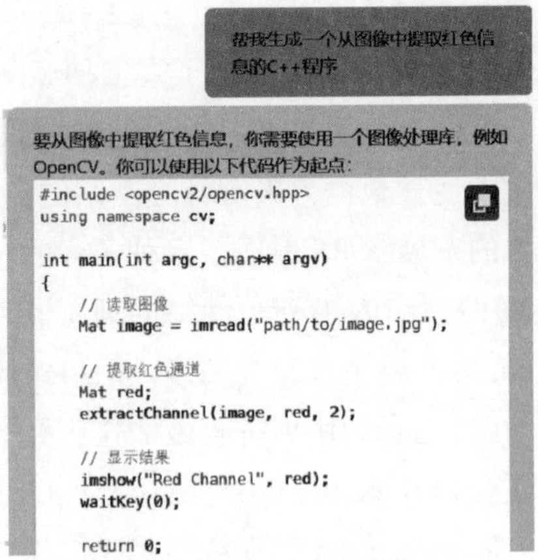

给我生成一个从图像中提取红色信息的C++程序

要从图像中提取红色信息，你需要使用一个图像处理库，例如OpenCV。你可以使用以下代码作为起点：

```cpp
#include <opencv2/opencv.hpp>
using namespace cv;

int main(int argc, char** argv)
{
    // 读取图像
    Mat image = imread("path/to/image.jpg");

    // 提取红色通道
    Mat red;
    extractChannel(image, red, 2);

    // 显示结果
    imshow("Red Channel", red);
    waitKey(0);

    return 0;
```

图 6.16　通过对话进行编程

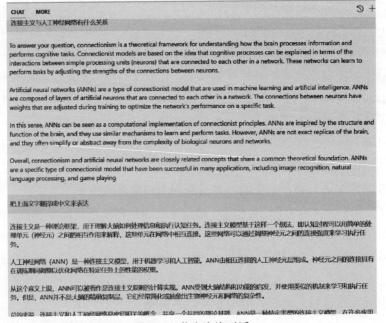

图 6.17　信息咨询对话

　　通过 GPT-4 技术报告可以知道 GPT-4 具有更为强大的能力，具有在以往的 AI 技术中难以实现的图像理解能力，如图 6.18 所示。

在图 6.18 中，AI 可以从图像中识别并找出不合常理的地方：一个人悬空在行驶中的车尾后熨烫衣服。以 Transformer 模型为基础的神经网络 AI 还具有画图的能力，图 6.19 是百度"文心一言"测试版展示的 AI 画图能力。

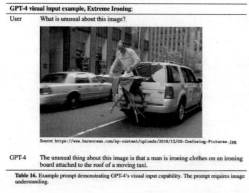

图 6.18　GPT-4 对图像的理解能力[①]　　　　　图 6.19　"文心一言"的画图功能展示

从上面所展示的例子中，让我们看到了 AI 的能力水平，这是 AI 连接主义思想的成功，是人工神经网络技术的成功，更是 Transformer 模型的成功。Transformer 模型让人机对话技术得到了质的飞跃和发展，使得计算机可以通过对话的方式为人类提供各种各样的服务，让计算机具备与人脑相似的思考能力和分析能力。至此，计算机学会了像人那样的说话能力，虽然还不是那么完美，也没有感情，但足以改变现有的社会。

6.3.2　Transformer 模型技术原理

Transformer 是 2017 年由 Google 推出的人工神经网络模型，是一种基于注意力机制的序列到序列模型，与 RNN 一样可以处理时序数据，不同的是 Transformer 采用自注意力的机制对时序数据中的每个 token（在 NLP 模型中指单词或符号）位置进行编码。Transformer 模型由多个编码器和解码器组成，每个编码器和解码器都由多个注意力头组成，可以并行计算。在编码器中，自注意力机制可以帮助模型学习输入序列中每个位置的表示。在解码器中，除了自注意力机制，还使用了编码器—解码器注意力机制，可以帮助模型在生成输

---

① openAI. GPT-4 technical report [R/OL]. arXiv:2303.08774v3 [cs.CL]. 2023-03-15.

出序列时，对输入序列进行对齐和理解。相比传统的 RNN 模型，Transformer 模型具有更好的并行性和更短的训练时间，因此成为自然语言处理领域的重要模型之一。

图 6.20 是只包含一个编码（encoder）模块和一个解码（decoder）模块的 Transformer 模型框架，其中左半部是编码模块，右半部是解码模块，有两个输入端和一个输出端，两个输入端中左边的输入（Inputs）是要被预测或转换的时序数据，右边的输入（Outputs）是当前已输出的时序数据。图 6.20 是一个最为简单的包含了所有基本模块的 Transformer 模型框架，实际上在论文 *Attention Is All You Need* 中描述的 Transformer 模型分别堆叠了六层的编码模块和解码模块，如图 6.21 所示。

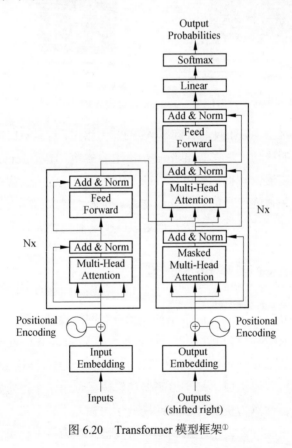

图 6.20　Transformer 模型框架[①]

---

① Vaswani A, et al. Attention is all you need [R/OL]. (2017-12-06) [2023-03-10]. arXiv:1706.03762v5 [cs.CL].

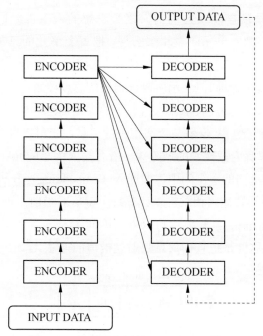

图 6.21　堆叠了六层的 Transformer 模型

　　Transformer 模型为了克服 RNN 无法并行处理的问题，采用了位置嵌入（position embedding）方法把时序数据中每个 token 的位置与 token 的向量表示（如通过词嵌入的方法得到的词向量）融合，使时序数据中的每个 token 成为一个可以相互独立处理的 token，实现输入的一串时序数据可被同时并发处理。位置嵌入是把位置序号转换成向量的形式，转换方法可以像词嵌入那样通过训练算法得到，也可以采用如下的计算公式得到（实际上一般是采用公式来计算）。

$$PE_{(pos,2i)} = \sin(pos / 10000^{2i/d_{\text{model}}}) \tag{6.1}$$

$$PE_{(pos,2i+1)} = \cos(pos / 10000^{2i/d_{\text{model}}}) \tag{6.2}$$

　　式（6.1）和式（6.2）中，d_{model} 为输入的时序数据中每个 token 表示的向量的维度，pos 为某 token 所在时序数据的位置序号，得到的位置向量的维度与时序数据中 token 的向量维度一致。从式（6.1）和式（6.2）可以看出位置向量是由正余弦函数交替组成的，位置向量与词向量融合的方法非常简单，即二者直接相加，这样每个输入单元就包含了时序数据单元信息和位置信息。

Transformer 模型是以自注意力机制为核心思想的人工神经网络模型，自注意力机制通过三种向量与每个输入单元向量相乘实现，把每个单元的三种向量组合起来形成三种矩阵，具体介绍如下。

Q 矩阵：Q 为 query（查询），表示所要查询的信息或要求。

K 矩阵：K 为 key（关键），表示输入信息中的关键信息。

V 矩阵：V 为 value（值），表示与查询相关的信息，也可以理解为匹配的结果。

QKV 矩阵也可以理解为把输入的矩阵 X（所有输入信息的 token 向量组成的矩阵）在高维空间中投影到三个不同的子空间中，即嵌入（embedding）方法。

Q 矩阵和 K 矩阵的转置矩阵相乘可以计算每个键值对当前查询的重要性，如图 6.22 所示为得到的注意力分数矩阵，从矩阵中可以看出单词（token）之间的关系，矩阵中分值越高，表示注意力越高，这便是把查询信息映射到键值的方法。

	Hi	how	are	you
Hi	98	27	10	12
how	27	89	31	67
are	10	31	91	54
you	12	67	54	92

图 6.22　QK^{T} 矩阵做点积相乘后得到的注意力分数矩阵[①]

Q 和 K^{T} 两个矩阵做点积相乘后对矩阵进行缩放（scale），即矩阵中的每个值除以查询维度（即查询矩阵的列数）的平方根，缩放的目的是得到更稳定的梯度，因为数据相乘会产生数值"爆炸"的效应。缩放后再对矩阵中的每一行利用 Softmax 函数进行处理，获得数值范围在 0~1 的注意力权重，最后乘 V 矩阵。该计算过程如下面公式所示。

$$Attention(Q,K,V) = \mathrm{Soft\,max}\left(\frac{QK^{\mathrm{T}}}{\sqrt{d_k}}\right)V \tag{6.3}$$

自注意力计算模型如图 6.23 所示。

---

① Phi M. Ilustrated guide to transformers- step by step explanation. [EB/OL]. (2020-05-01) [2023-03-10].　https://towardsdatascience.com/illustrated-guide-to-transformers-step-by-step-explanation-f74876522bc0.

如果把多个自注意力模块组合起来，同时并行处理同个输入矩阵，便可以建立一个多头注意力（multi-head attention）模型，如图 6.24 所示。

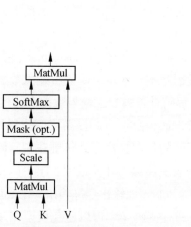
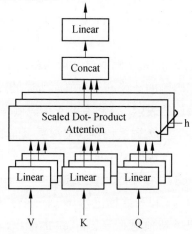

图 6.23　自注意力计算模型[①]　　　　图 6.24　多头注意力模型[②]

在多头注意力模型中，将每个注意力的输出矩阵拼接（concat）起来，在 Linear 层进行线性变换映射到更高维的空间中，以便更好地捕捉输入序列中的信息。多头注意力机制允许对输入时序数据的不同部分进行不同的加权，每个头可以学到不同的东西，以此推断输入数据的含义和上下文信息，从而掌握输入数据的潜在含义和更复杂的关系，赋予模型更多的表示能力。

多头注意力模块输出数据后进入"Add & Norm"模块，其中 Add 表示残差连接（residual connection），即把多头注意力模块的输入数据与输出数据直接相加，形成一个跨层连接，以此解决深度神经网络中的梯度消失和梯度爆炸问题。跨层连接可以让梯度更容易流经网络，从而提高网络的训练效率和性能。残差连接后进行数据归一化（layer normalization），通过计算输出矩阵中每一行的均值和方差，使每一行具有相同的均值和方差，即每行数据具有相似的数据分布，以此减少不同自注意头之间的差异，提高模型的泛化能力和鲁棒性。

经过残差连接和数据归一化后，进入一个具有全连接的、两层结构的前馈神经网络（feedforward NN），以提高模型对输入序列的建模能力，FFNN 中第一层的激活函数为 ReLu，第二层不使用激活函数，FFNN 的数学计算模型如下。

---

①　Vaswani A, et al. Attention is all you need [R/OL]. (2017-12-06) [2023-03-10]. arXiv:1706.03762v5 [cs.CL].

②　Vaswani A, et al. Attention is all you need [R/OL]. (2017-12-06) [2023-03-10]. arXiv:1706.03762v5 [cs.CL].

$$FFNN(x) = \max(0, xW_1 + b_1)W_2 + b_2 \qquad (6.4)$$

在 FFNN 层输出后，再次进行残差连接和归一化，便完成了一次自注意力机制的编码或解码操作，在 Transformers 模型中编码和解码可以连续多次进行，由此可以学习到不同的注意力表示。

以上是 Transformer 模型自注意力机制的基本计算过程，Transformer 模型分为编码侧和解码侧，编码侧的计算过程与前面所述的过程基本一致，编码侧将输入数据转换为带有注意力信息的连续表示，这将有助于解码侧在解码过程中专注输入数据中的相应 token，编码侧可以堆叠 N 次编码模块得到更深更全面的编码信息，以此提高模型的预测能力。

在解码侧，与编码侧中的自注意力方法不同的是，自注意力机制在解码侧多了一个掩码机制（masked），并且每个解码模块多了一个多头注意力计算过程。Transformer 模型的解码侧是自回归的，以开始标记为开头，一个一个 token 地输出。每输出一个 token 后结合当前的输出结果重新预测下一个 token 的输出，通过掩码操作可以避免模型在预测时使用未来的信息。具体来说，当模型预测第 i 个位置的输出时，只能使用前 i-1 个位置的信息，而不能使用第 i 个位置及其之后的信息。为了实现这一目的，Transformer 模型使用一个掩码矩阵，矩阵中将第 i 个位置及其之后位置的注意力分数设置为负无穷大，使得模型无法使用这些位置的信息，而其他位置设置为 0。在第一个多头注意力模块计算出 $\boldsymbol{QK}^{\mathrm{T}}$ 结果后先进行 Softmax 操作，再与掩码矩阵相加，这时被掩盖的数为负无穷大，最后再与矩阵 $\boldsymbol{V}$ 相乘得到多头注意力的输出。掩码过程如图 6.25 所示。

Scaled Scores

0.7	0.1	0.1	0.1
0.1	0.6	0.2	0.1
0.1	0.3	0.6	0.1
0.1	0.3	0.3	0.3

\+

Look-Ahead Mask

0	-inf	-inf	-inf
0	0	-inf	-inf
0	0	0	-inf
0	0	0	0

\=

Masked Scores

0.7	-inf	-inf	-inf
0.1	0.6	-inf	-inf
0.1	0.3	0.6	-inf
0.1	0.3	0.3	0.3

图 6.25　掩码处理[①]

解码侧每个自注意力模块多了一个多头注意力模块，第二个多头注意力模块的 $\boldsymbol{K}$ 和 $\boldsymbol{V}$

① Phi M. Ilustrated guide to transformers-step by step explanation [EB/OL]. (2020-05-01) [2023-03-10]. https://towardsdatascience.com/illustrated-guide-to-transformers-step-by-step-explanation-f74876522bc0.

矩阵是由编码侧的输出得到的，**Q** 矩阵为第一个多头注意力模块的输出矩阵。与编码侧一样，解码侧每个注意力模块中的第二个多头注意力模块输出后，也要经过残差连接和归一化处理，最后再通过前馈神经网络进行数据处理。

解码侧的多层自注意力的数据处理结束后经过一个线性分类器层（Linear），这个分类器输出层的节点数与所输出的 token 种类数量相关，假如有十万个单词（token），则有十万个输出节点，分类器输出不同 token 的置信度，经 Softmax 计算后，解码侧选择概率最大的 token 作为输出结果。当然，有时为了让输出更具有多样性，会随机选择概率相对较大的 token 作为输出结果。

Transformer 模型最开始应用于语言翻译场景中便表现出了其优异性能，在英语—德语和英语—法语的翻译测试 BLEU（Bilingual Evaluation Understudy）中超越了其他翻译算法模型，使得 Transformer 模型推出后很快便在 NLP 领域得到了广泛应用。Transformer 模型不仅可以应用于 NLP 领域，还可以应用于图像理解和语音识别，还可以混合处理文字、图像、语音等不同种类的数据，促进多模态机器学习（multimodal machine learning，MMML）和 AI 内容生成（AI generated content，AIGC）技术的快速发展，使得通过人机对话可以解决更多的问题，典型的如 AI 画图、语音识别等。

6.4　殊　途　同　归

关于机器能否实现人脑那样的智能，在哲学领域，一直以来争论不休。从物理化学角度上看，机器是个无机体，而人脑是有机体，机器就像石头一样没有生命，难以想象机器会有像人类那样的智慧。

几千年来，人类一直梦想能够像鸟一样自由飞翔，为此，人类首先想到的是通过模仿鸟类的翅膀实现飞翔，但终究没有成功。直到一百多年前人类才成功像鸟那样在天空中自由飞行，但是人类制造的飞行器的飞行原理与鸟类的飞行原理大不相同。鸟类的飞行原理主要依靠翅膀的振动和扇动，产生向上的升力实现飞行，而飞机的飞行原理主要依靠机翼的形状和推进器的推力，飞机的机翼上方的气流速度比下方的气流速度快，因此上方的气压比下方的气压小，从而产生向上的升力。所以单纯通过仿生的方法不一定可以实现我们所需的技术。

同样地，虽然机器是个无机体，且没有生命，但让机器实现智慧的能力也不是不可能的。正所谓"殊途同归"，随着科技的不断发展和人类认知水平的不断提高，未来甚至出现硅基生命也并非完全不可能。

6.4.1　智能涌现

人类的语言不是上帝给予的，也并非天生固有的能力，它有一个漫长的进化过程，随着人脑中神经细胞的增多和人类活动越来越复杂化，人类便"涌现"了语言能力。

在众多微小的组成部分相互作用下，复杂系统展现出一种独特的现象，即中国科学院陈润生院士所描述的"涌现"。个体单独存在时可能并不显眼，但当它们汇聚成群，数量达到一定程度，便在整体层面展现出了单个个体所不具备的特性。"涌现"揭示了从微观到宏观的跨越中，系统行为的非线性和不可预测性。涌现是一种重要的复杂系统现象，它在自然界和人工系统中都有广泛的应用。涌现的概念最早可以追溯到 19 世纪末期，当时生物学家和哲学家都开始关注自然界中的自组织现象和新性质的出现。在 20 世纪，涌现的概念逐渐被引入到物理学、计算机科学和社会科学等领域。涌现的研究涉及多个学科和领域，包括复杂系统理论、网络科学、自组织理论等。涌现的研究不仅有助于我们更好地理解自然界和社会现象，还可以为人工智能系统的设计和优化提供有价值的参考和启示。

Transformer 模型出现后，OpenAI 很快便采用了 Transformer 模型框架，于 2018 年建立了第一个通用 AI 模型 GPT 1.0，接着在 GPT 2.0 中把模型参数数量扩展到 15 亿，2020 年，GPT 3.0 的模型参数又增长到了 1750 亿。此时，GPT 3.0 涌现了其语言能力，在 GPT 3.0 的基础上，再通过对齐、思维链训练、对话状态强化学习、指令微调等技术，产生了具有实用价值的人机对话模型 ChatGPT，这是人类历史上首个真正实用的自然语言处理工具，其灵活性前所未有，其包含的知识广泛而齐全。

6.4.2　思维的机制

在微观层面，我们难以模仿人脑中神经细胞的运作过程，其实，我们对人脑的认识还远远不够，人脑是一个极其复杂的系统，目前的科技水平还难以真正地模拟人脑中的神经细胞。但在宏观层面，我们可以从人脑的思维机理获取 AI 系统设计的灵感，在这方面 Jeff Hawkins 在其著作《智能时代》中做了深入分析和思考。

Jeff 首先认为大脑皮层就是一个记忆系统，大脑并不"计算"问题的答案，而是从记忆中提取答案，人脑的记忆在如下四个方面不同于计算机的记忆[1]。

（1）大脑皮层存储的是序列模式。我们几乎不可能想起任何非序列化的复杂事件或想法，回忆总是沿着一条联想的路径展开，所有的记忆都被存储在神经元之间的突触连接中。在每一次记忆提取过程中，只有有限的突触和神经元发挥了积极作用。我们记住世界的方式是不断形成新的分类和新的序列，如图 6.26 所示，形成序列的基本思想是将有关同一对象的模式聚为一组，其中一种方法是将时间上连续出现的模式聚为一组，而另一种方法是借助外部指令来判断哪些模式应当聚在一起。在任一时刻我们只能感知外部世界很小一部分的信息，流入大脑的信息自然是以模式的序列到达，而大脑皮层希望学习到那些反复出现的序列。如果大脑皮层某个区域能够学习模式之间的关联关系，并能够预测接下来会

图 6.26　大脑中存储的序列模式

① Jeff H, Sandra B. 智能时代[M]. 李蓝，刘知远，译. 北京：中国华侨出版社，2017：21-187.

发生什么，那么大脑皮层就形成了该模式的持久表征或者记忆，学习序列是形成对真实世界对象恒定表征（抽象表示）的最基本要素。

（2）大脑皮层以自联想的方式提取模式记忆。自联想的本质是一个记忆片段可以激活全部的记忆，随机的想法是不可能发生的，输入到大脑的信息会自动关联到某个序列模式，填充当前信息，并与接下来要发生的事情联系起来，Jeff 把这样的过程称为"思想"。

（3）大脑皮层以恒定的形式存储模式。我们之所以不能完全精确地进行记忆或回忆，并不是因为大脑皮层和它的神经元容易出现纰漏，而是因为大脑所记忆的是各种独立于细节的重要联系，就如柏拉图在其理念论中所提出的，我们的高级心智一定是被束缚在超现实的某些先验层面上的，其中存在着永恒完美的稳定概念。大脑皮层的每个区域都会对信息进行抽象，记忆存储的是关系的本质，而不是片刻的细节，记忆的存储、提取和识别都发生在恒定形式之上。我们的感觉器官所感受的外界信息永远不会相同，我们是在不断变化的输入流中寻找恒定的结构来了解世界。

（4）大脑皮层将模式存储在层级结构中。信息在层级结构中是双向流动的，反馈连接的数量至少和前馈连接一样多，通过在层级结构中不断将可预测序列转变成"命名对象"，层级越高，则稳定性也变得越强，从而形成恒定表征。当模式沿着层级结构向下流动（向输入/输出层的方向）时，稳定模式展开成序列，缓慢变化的高层模式展开成快速变化的低层模式，这是一个扩散输出的过程，如图 6.27 所示，双向并跨层连接，从上到下逐层展开，从下到上逐层抽象。Jeff 认为学习的本质是在大脑皮层的各区域中，自下而上的分类和自上而下的序列不断交互和变化，贯穿始终，从而形成模式分类和构建模式序列。在层级结构中，大脑皮层的较高层区域一直在关注全局，而较低层区域则积极地处理瞬息万变的微小细节。大脑皮层的层级结构保证了对象的记忆是按层级分布，而不是单独存储在某个点上。

基于上面的记忆模型，Jeff 认为我们的大脑是以预测的形式体现人脑的智能和对外界信息的理解，预测行为无时无刻不在，我们所感知到的，是我们的感觉和预测两者的结合。如图 6.28 所示大脑的理解过程，当我们在某一时刻感知到外部信息时，大脑同时在预测接下来会是什么信息，当接下来接收的信息与预测的信息不一致时，大脑便会存储新的模式序列，以调整将来的预测。预测不仅是大脑的功能之一，更是整个大脑皮层的主要功能和智能基础，Jeff 认为预测是理解的本质，理解一件事件，就意味着你能够对它做出预测。

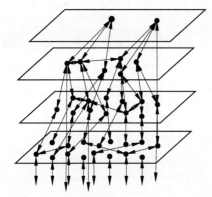

图 6.27　大脑皮层将模式存储在层级结构中

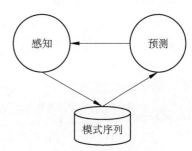

图 6.28　大脑的理解过程

　　Jeff 定义了这样的一个通用大脑皮层算法，即每一个大脑皮层区域的工作就是要弄清输入信息之间的相互关系，记住这些关联序列，并利用这些记忆来预测输入信息将会发生什么。大脑皮层的每个区域都进行着同样的加工过程，并且都能形成恒定表征，即具备对信息的抽象能力。

　　以上是 Jeff 对人脑智能的理解和解释，Jeff 通过阅读上百篇由解剖学家、生理学家、哲学家、语言学家、计算机科学家和心理学家所著的论文，了解了来自不同领域的研究者发表的大量关于思维和智慧的见解，以独到的眼光和大胆的假设，在宏观层面对人脑智能的实现方法做了详细分析和推断，分析和推断的结果可以让我们更好地理解人脑的思维过程和方法，更有助于系统化地建立人工智能系统。

　　结合 Jeff 的观点去审视 Transformer 模型时，会发现二者有许多在设计理念上的相似之处，如 Transformer 模型的预测输出是一个一个 token 地输出，每次输出后把输出结果反馈回模型来指导后续的输出，这种反馈虽然不是对外部信息输入的反馈，但在思想上还是具有相通之处的，由此，我们能够更好地理解 Transformer 模型之所以具有强大能力的原因。

　　Edward de Bono 在其所著的《思考的机制》中也把人脑的记忆描述为"不好记忆的表面"，因为人脑会对外部信息的输入进行选择和改造，大脑的高效性极有可能并非在于它有卓越的计算性能，而在于它本身是一个不好的记忆表面，Edward 认为"思维是特殊记忆表面上从一个区域到另一个区域的活性流动。这种流动完全是被动的并且遵循表面的轮廓，也不存在任何外力来引导流动的去向。区域被激活的顺序构成了思维的方向"。类似 Jeff 定义的自联想模式，Edward 认为"随着时间的推移，记忆表面上会建立起固定的模式。当已成型的模式中的一个或几个碎片出现在环境中时，记忆表面便会提供该模式的剩余部分，将其补充完整"[①]。

Jeff 和 Edward 都把人类的思考过程假设为是一个机械的过程，思考是基于人脑的记忆，把大脑想象成一台机器，从宏观层面去思考和分析它的工作方式，以此把极其复杂的人脑系统抽象出简单的基础性解释，这样有助于我们充分借鉴人脑思维的机制去实现具有像人脑一样智能的机器。

6.4.3 人工智能"十问"

毋庸置疑，现在的超大规模语言模型可以学习全世界几乎所有的知识。GPT3.5 的出现向通用人工智能方向迈出了历史性的一步，但是我们对大脑运作机制的研究和理解还远远不够，人工神经网络的功能还远远不如人脑的高效和灵活。也许我们可能陷入了认知不足的迷途而不能自拔，也许我们已经走上了"殊途同归"的 AI 发展道路。

最后，列出中国科学院李德毅院士对人工智能技术的十大拷问，在对这"十问"的思考中可以让我们对 AI 技术有更清醒的认识[②]。

一问：意识、情感、智慧和智能，它们是包含关系还是关联关系？是智能里面含有意识和情感，还是意识里面含有智能？

二问：如何理解通用智能？通用智能一定是强智能吗？通用和强是什么关系？

三问：目前所有人工智能的成就都是在计算机上表现出来的"计算机智能"，存不存在更类似脑组织、能够物理上实现的新一代人工智能？

四问：机器人不会有七情六欲，还会有学习的原动力吗？如果没有接受教育的自发性，还会有学习的目标吗？

五问：人的偏好和注意力选择是如何产生的？新一代人工智能如何体现这一点？

六问：如果说计算机语言的元语言是数学语言，数学语言的元语言是自然语言，前一个比后一个常常更严格、更狭义。那么，人工智能怎么可以反过来要用数学语言或者计算机语言去形式化人类的自然语言呢？

① de Bono E. 思考的机制[M]. 能阳，译. 北京：化学工业出版社，2019：26-38.
② 李德毅. 新一代人工智能十问[J]. 智能系统学报，2020，15（1）：0-0.

七问：如何体现新一代人工智能与时俱进的学习能力？

八问：在新一代人工智能架构的机器人中，基本组成最少有哪几种？各部分中的信息产生机制与存在形式是什么？他们之间的信息传递是什么样的？

九问：新一代人工智能如何具有通用智能？不同领域的专用智能之间是如何触类旁通、举一反三、融会贯通的？如何体现自身的创造力，如能不能形成自己软件的编程能力？

十问：基于新一代人工智能机器人，存不存在停机问题？机器人的"发育"，即软硬件的维修管理和扩充升级，如何解决？

后　记

当收笔时，我长长地舒了一口气，感觉如释重负，并且收获满满。最重要的是，我终于有了自己的一套 AI 算法实践的思想体系，这让我在接下来的 AI 算法实践工作中更有底气和信心。写完这本书，收获最多的是我自己。

我时常会被问："以前的 AI 算法是否过时了？"追新求异的人总是喜欢这样问，尤其是大语言模型出现后，有人还放出狂言："Transformer 模型将一统天下。"这样的言论让我觉得有些可笑。AI 算法技术确实是日新月异，但这并不意味着以前的 AI 算法就不可用或不好用了。在工程实践中，我们要抱着现实的态度，只要"经济实用"，不管是什么算法，都是可取的。

思想比方法重要，方法又比代码重要，好的思想可以让你有多种方法解决问题，好的方法可以让你代码写起来轻松愉快。我经常主动撰写技术文档，因为这样可以让我有时间思考研发过程中所出现的问题，进而总结出研发工作应当要具备的思想，从而最终提升工作效率，让工作变得越来越轻松。因此，在本书中，我更多想表达的是思想而非技术，以此希望我的书能够"经久不衰"，不会被时间抛弃。

ChatGPT 的出现，让人们从信息触手可及的移动互联时代进入了知识触手可及的 AI 时代。在这个新时代里，思路比知识更为重要，只要你有思路，就可以很容易通过 AI 工具生成方案，甚至是技术实现所需的程序。这让我觉得本书更具有实用意义，因为这就是一本介绍解决问题思路的书。

在没有智能手机之前，我会经常去图书馆找书看。自从有了智能手机，看手机的时间越来越多，获取的知识也越来越多地来自手机。但自从写完这本书后，才让我觉得书本上的知识才是严谨的，这让我更喜欢读书了。互联网上存在着太多混乱甚至是错误的信息，并且零碎的信息就像快餐，很难让人得到知识营养。相反，图书是体系化、严谨的知识表达，图书是作者思想和知识的精美体现。希望有越来越多的人能够爱上读书，也希望本书能够帮助到越来越多热爱 AI 技术的人。

陈德忠
2024 年 8 月 16 日